机器70年

互联网、大数据、人工智能
带来的人类变革

徐 曦◎著

人民邮电出版社

北 京

图书在版编目（CIP）数据

机器70年：互联网、大数据、人工智能带来的人类
变革 / 徐曦著. -- 北京：人民邮电出版社，2017.3（2017.9重印）
ISBN 978-7-115-44340-3

Ⅰ. ①机… Ⅱ. ①徐… Ⅲ. ①计算机网络－影响－社
会生活－研究 Ⅳ. ①TP393②D58

中国版本图书馆CIP数据核字(2016)第308176号

内 容 提 要

这是一本对科技未来发展有预测性解释的读本。书中对当前主流、热门的新科技变革进行了解读。作者引用历史材料，将新技术的革命放到发展的历史脉络中对照观察，描绘、解答数字社会中的变迁。

本书真实记录了互联网、大数据、人工智能、虚拟现实和增强现实等新技术对社会的改造，是一本了解新技术革命的优秀读物，适合各个层次读者阅读。

◆ 著　　　　　徐　曦
　　责任编辑　李　强
　　责任印制　彭志环
◆ 人民邮电出版社出版发行　　北京市丰台区成寿寺路 11 号
　　邮编　100164　　电子邮件　315@ptpress.com.cn
　　网址　http://www.ptpress.com.cn
　　北京市艺辉印刷有限公司印刷
◆ 开本：800×1000　1/16
　　印张：13.5　　　　　　　　　2017 年 3 月第 1 版
　　字数：352 千字　　　　　　　2017 年 9 月北京第 4 次印刷

定价：55.00 元
读者服务热线：(010)81055488　印装质量热线：(010)81055316
反盗版热线：(010)81055315

前　言

在计算机技术和互联网刚刚兴起的时候，我们还未感觉到这个时代将经历如此激动人心的变革。

本书试图成为一本对科技未来发展有预测性解释的读本，但这并不意味着这是一本思想多么不羁的书。事实上，本书以许多著名理论思想家、哲学家、科学家的开拓性研究作为依据，这让本书的分析框架相当传统。在书中，我们回顾了人类历史上数个伟大科技创新的时刻，以及这些科技对后世的影响；我们也把某些最新的技术从虚幻的憧憬中拉回现实，借以更好地探讨技术改变社会的种种可能。

我们之所以对当前这个时代着迷，是因为今天人类在科技的推动下受到了前所未有的挑战。机器与人类、虚拟与现实区别的模糊化已经变得非常明显。由于科技的发展，我们在面对诸多本土社会问题和全球性问题时，也将拥有一个新的视角，并带来新的解决方案。

本书体现了作者对于生活在这个时代的个人的体察，体现出了人文关怀。作者以发现、解释和表达为顺序，对近几十年信息技术革命以来社会经历的变革广泛地进行梳理。希望通过这样的解读，让读者对已经到来且快速发展的数字社会有一个清晰的认识，并由衷地希望读者能通过阅读本书，发现变革中的机会。本书倡导了一种数字社会下的生活方式，由于科技改变了我们的生存背景，按照原来的方式生活必然会带来多方面的不适和多层次的损失。

从历史上看，每当变革来临时，都会经历风险和冲突，作者在本书中多次强调"基础设施"层面的变化，如果将"基础设施"作为形容词使用，它的意思是"翻天覆地"。

我们在面对数字技术领域急速向前的局面时，最初的反应是拒绝，希望回到原来的样子，这是经过心理学验证的。但是，最后，当我们不得不面对现实时，现实已经离我们而去，将我们远远地抛在了原地，尤其在科技领域，这种抛弃会来得更快、更直接。

写作本书最重要的目的正是希望向大家传递，对新科技以一个警醒的态度保持关注是多么的重要，让理性的力量战胜我们内心习惯性的否认和对抗。放眼来看，经过短暂认识后，我们就能真正感到科技为我们带来的一切，这包括如商业模式的创新、传播结构的改变、个人生存方式和世界观的变化，以及人工智能对劳动力的改造性更替等。

这种变化不仅仅是让"东西"变得不一样那么简单，它是根本上的颠覆和流程上的再造，科技对我们生产力工具、组织、材料和生产方式等多个方面都进行了成果显著的改造，科技加速的效应也相应地显现出来。毫无疑问，我们的社会将会加速前进。

我们并不知道接下来会发生什么，更现实的做法是了解正在发生的和过去发生过什么，这让我们在新局面开启的时候不会那么慌张。本书中引用了大量的历史材料，结合当前的科技发展态势，把动态和发展的态度注入全书。"机器70年"或许只代表一个已经发生的事实，我们更希望的是，以这个事实为起点，摸索发展的轨迹，开启未来的方向。

目　录

文明重建和效率对决

  经典的论述认为，人之所以为人，是因为人可以制造和使用工具。确实，运用技术创造的工具，从简陋到精密，让人类由蛮荒时代一路历经风险走到今天的文明时代。每一个人类历史的重大转折点都有新技术的出现，而这一切的出发点就是人类对效率的追求。

  科学的起源众说纷纭，但总归是在一种人类独有的探索精神和好奇心的驱使下诞生的。人类的成长也如同个人的成长一样，在每一次的进步中获得满足并发现不足，其内心强大的驱使力驱使整个人类文明的进步。在人类发展的早期，技术和工具的发明充满了偶然性，如果不是偶然学会了使用火，人类大脑的进化效率将低得多（火可以加热食物，加热后的食物便于消化，这样人就可以以更高的效率消化食物，而充足的能量摄取是人类大脑进化的前提），地球上能不能出现智慧人类就是个问题了。

  自智慧人类出现以来，每一次技术革新的背后，都是人类对更高效率的追逐。青铜器时代末期，在当时世界文明最活跃的地区之一希腊出现了科学。在科学出现后的3000余年中，技术不断进步，人类的能力也不断得以拓展。从16—18世纪的产业革命开始，人类在科学和技术上的发展驶入了快车道。

  众所周知，科学和技术并不是一回事。它们的源流不同，发展规律不同，发展路线也不同。科学的精神延续了希腊的传统，亚里士多德式的思辨和精神追求以及理想化的理论拓展是科学的特征；技术则不然，它固然能从科学中吸取营养，但它优先考虑的应用是科学发展中无法企及的。当今，科学和技术各行其道，但在人类发展的早期，它们的差别并没那么大。

从 19 世纪的电力革命到 20 世纪的信息技术革命，中间伴随了科学的成熟和技术的进步，二者互相攀附，共同产生了伟大的成果。科学和技术的联合，使我们的社会出现了革命性的进步，也使技术创新密集出现。人们在接受这些成果的时候，无数次地展望与生俱来的对高效率的追求，由科学和技术共同促成的便捷高效的文化就此形成。

在今天，所有低效的程序都像污渍一样需要被清理。从 1000 多年前人们开始给时间加以刻度开始，还没有任何一个时期如今天这样，能让人们如此精心地思考每一分每一秒该如何高效且有意义地度过。

几十万年前，旧石器时代的人们学会了制作石器，于是在切割食物、宰杀动物、捕猎、自卫等方面都出现了相应的石制工具，这是人类效率的一次巨大提升。随后人们学会了用火，这是人类大脑急速进化的开始。火还可以帮助人类取暖，让人类熬过漫长的冬天。在火出现之前，人类的繁衍和族群的扩充极大地受限于气候，而火的出现加速了这一过程，让人类迅速成为动物界第一大种群。《圣经·旧约·创世记》第 11 章记载了这样一则故事：当时人类联合起来兴建能通往天堂的高塔。上帝为了阻止人类的计划，让人类说不同的语言，使人类不能相互沟通。通天塔计划失败，人类从此各散东西。语言可以说是迄今为止最重要的工具，它促进了人类的沟通和协调，是人类社会出现的基础。也是因为语言，人类成为可协同的群居动物，逐渐出现了社会分工和大生产。

在随后很长一段人类发展的过程中，不断有新工具出现，让人类繁衍进化。器皿、房屋、文字、冶金、机械等这些伟大的发明，让人类对效率的认识更加清晰，也更加明确了人类拓展自身能力、改造世界的信心。公元前 100 年罗马人发明了水泥，这是人类进行地理环境改造的关键技术。今天我们能看到庞大工程的兴建完全依靠于水泥的发明，这是人类技术的伟大进步。我们再把视线拉回到科学出现的希腊，在那里以亚里士多德为代表的哲学家们专注于思考，尽量把科学和技术分开来看；他们认为科学活动不应该以应用为前提，科学是神圣的自然规律。亚里士多德的理想，代表了科学对自然界和人类地位的一种非功利的理性探索，在探寻真理的道路上明确科学的本质。亚里士多德的方法论高尚而脱俗，科学不触及实际问题。希腊对于应用的排斥让科学理论和实践分离开来，罗马则不然。以水泥为代表的建筑技术在发展，技术提高效率的思想在各行各业传播开来。在罗马，思辨的科学没了市场，他们蔑视理论和希腊式的学问，认为那些都华而不实。

欧洲进入黑暗的"中世纪"（约公元476年—公元1453年）后，罗马积累下来的知识和技术被遗失。在1000多年以后，中国成为全球技术输出的中心，并几乎改进了所有农业时代所需的技术装备，雕版印刷术、活字印刷术、金属活字印刷术、造纸术、火药、磁罗盘、磁针罗盘、航海磁罗盘、船尾舵、铸铁、瓷器、方板链泵、轮式研磨机、水力研磨机、水力冶金鼓风机械、叶片式旋转风选机、活塞风箱、拉式纺机、手摇纺丝机械、独轮车、航海运输、车式研磨机、胸带挽具、轭、石弓、风筝、螺旋桨、活动连环画转筒（靠热气流转动）、深钻孔法、悬架、平面拱桥、铁索桥、运河船闸闸门、航海制图法等。从严格意义上讲，中国不存在西方式的科学，这其中有很多文化方面的因素，但最主要的是中国当时环境下人们对技术的优先选择。中国的农业国属性和较差的农业生产环境，让当时的中国人在生存和生产上有很大焦虑，所以尽可能地改善生产环境、提高生产效率成为当时整个中国的需要。

▲ 哈里森的海上计时仪 I 型

时间匆匆，中国引领世界技术潮流的接力棒在16—17世纪被欧洲人接过。1714年，英国国会悬赏2万英镑，寻找"确定轮船经纬度的方法"。1716

年，法国政府也针对此技术推出了悬赏。英国钟表匠约翰·哈里森（John Harrison）做出的3号海上计时仪，以双金属条感应温度来抵消温度变化，并以平衡齿轮避免晃动来抵消船上的颠簸和震动。此计时仪每日误差不到2秒，比陆地上的所有钟表都精准，携带航行45天，准确地预测了船只的位置。3号计时仪基本完成了悬赏的要求，但英国国会抵赖。哈里森继续做出了4号计时仪，用发条代钟锤，3个多月误差不超过5秒。国会还想耍赖，但当时的航海界认定4号计时仪比皇家天文台的航海图要先进得多，83岁生日那天哈里森拿到了奖金。从此，大航海时代得以开启。

英国发明家理查德·特里维西克（Richard Trevithick）于1814年发明了第一台蒸汽机车，标志着铁路时代来临。1886年，卡尔·福瑞德里奇·本茨（Karl Friedrich Benz）发明了汽车，随后汽车时代得以延续至今。亨利·福特（Henry Ford）在汽车生产工艺改进过程中，发明了生产流水线，极大地提高了生产效率。其实，机械的发明就已经将人类手工劳动解放出来。相比于机械，人类劳动的效率较低，成本却很高，这也就是为什么技术进步有如此大的动力。18世纪工业革命的基础技术主要是由工程师推动的，科学理论在这次产业革命中发挥的作用完全比不上技术。但是，这一局面在第二次工业革命中就有了很大改观。1821年，英国科学家迈克尔·法拉第（Michael Faraday）发现了电磁感应现象，从而构成了电磁学的基础。法拉第在持续的研究中总结了电解定律，以此构成了电化学的基础。1870年，詹姆斯·柯乐科·麦克斯韦（James Clerk Maxwell）在法拉第的基础上总结出电磁理论方程（麦克斯韦方程），统一了电、磁、光学原理。他们为第二次工业革命奠定了理论基础，使科学拔得头功。

20世纪以后，科学与技术的联合开发使得人类的进步更加突飞猛进。科学也不再以纯理论研究为目标，而是以实验为基础，对更多的现实事物进行研究探索，并将视线更多地投放于现实问题的解决上。技术利用科学推演出的定律，将技术和工艺推向更高的水平。我们简单回顾了人类历史上最能提高效率的几次科技革命，今天我们由衷地感受到科学和技术的携手就如同18世纪工业革命前夕那么紧密，今天也将如那时一样是一个伟大的时代，出现伟大的发明，极大地推动人类进步。尤其是计算机被发明之后，人类开启了数字世界的大门，人类重构世界的决心更加坚定。今天，科学家正在模仿人脑研制可以思考的机器，新材料科技让我们接触到更优良的物质，生命科学和基因科学让我们能更深刻地理解生命……

　　追求效率是人类发展至今的内驱力，不断地探索和创新可以将我们的种群建设得更强大。人类从使用火到使用电，走过了漫长的十几万年。每一次科学和技术的发展都是一次对文明的重建，今天，我们已经开始了以计算机技术为先导的信息科技和人工智能的时代，而明天如何依然未知。但历史的经验告诉我们，效率的提升和文明的重建必定会持续下去。

 # 是什么让我们不得不面对计算机带来的挑战

　　过去，如果你需要教会计算机做一件事情，那么你首先要成为一个程序员，用程序列出你想让计算机做的每一个细小步骤，使计算机可以清楚地知道你的目的。如果你自己对这项任务并没有那么清楚的话，写出一个可以完成这项任务的计算机程序就会显得极其困难，更不用说学会编程了。这就像在日常工作中，有一个对工作一无所知的学徒被分到你的组里，你需要一个步骤一个步骤地教会他，并不断纠正其工作中的偏差和错误，直至教会他应该怎么工作。事实上，计算机比这个一无所知的学徒更难交流。首先，学徒可以听懂你的语言；其次，学徒可以举一反三，在完成一个工作程序的学习之后，可以更好地理解学习一个新的工作程序。这些，都是传统计算机做不到的。

　　1956年，IBM计算机科学家亚瑟·塞缪尔想让计算机和他下国际象棋。按照传统的做法，他用程序罗列出计算机下国际象棋的所有步骤。这还不够，他还希望计算机能在棋局中战胜他。于是他想出一个办法，让计算机跟他进行多次对弈，手把手教计算机先学会下棋。终于在1962年，他的计算机打败了当时美国康涅狄克州的象棋冠军。这是最早的机器学习的成果，亚瑟·塞缪尔也成为机器学习的先驱。而在2016年3月，Google研究团队的AlphaGo战胜了围棋九段选手李世乭，更是让机器学习名声大噪。于是，人们开始关注以机器学习为技术基础的人工智能。

　　从那之后，计算机科学家不断思考人工智能可以做什么，并试图构建一个全新的可以把人类解放出来的基础设施式的工具。Google当然是机器学习商业成功的杰出代表，它以算法帮助我们寻找有用的信息，而这个算法是以机器学习为基础进行的。自Google

之后，很多基于人工智能的商业公司陆续出现，亚马逊、Netflix 通过机器学习向用户提供他们想要的东西，国内的淘宝、百度、腾讯也在进行人工智能方面的应用。在人工智能刚刚出现的时候，我们经常会被智能的网络吓一跳。Facebook 可以告诉你谁是你的朋友，而事实上你与这位朋友已经失联很多年。国内类似 Facebook 的网站人人网也尝试推出过这样的功能，且在那个时期帮助我们不少人找到了失联多年的小伙伴。腾讯 QQ 也一直有好友推荐的功能，而这些推荐过来的朋友确实是我们的熟人。但机器究竟是怎么做到的？这在一开始确实非常让人匪夷所思。这其实就是机器学习在社交上的一个应用分支。

有了人工智能，研发自动驾驶的汽车也成为可能。一开始，我们只需让计算机操控汽车躲开障碍物就好。但逐渐地，我们希望计算机可以更细致地识别道路上的状况，比如清晰地分辨一个行人和一只动物，以及一棵树。因为在实际驾驶中，这显然是很重要的。在运用人工智能之前，我们依然不知道如何编写这样一个程序来帮助计算机学会看。Google 运用人工智能研制的自动驾驶汽车，已经在正常道路上安全行驶了 16 万公里。Google 的研发人员相信，他们可以依靠自动驾驶无事故地将这台实验汽车开到报废。

计算机有人类不可企及的能力，比如计算能力和存储能力等。人工智能让这样具有非凡能力的机器学会了学习，这就意味着我们可以让计算机学会很多人类也无法做到的事情。深度学习受到了人类大脑的启发，因此深度学习算法的能力可以不受任何理论的限制。跟人一样，数据和运算时间越多，它的工作性能就越好。

2012 年 10 月底，在由微软亚洲研究院和南开大学、天津大学联合举办的一次学术会议上，微软首席科学家理查德·F. 拉希德（Richard F. Rashid）在礼堂里发表演讲，计算机同步对他的讲话内容进行了识别，并将英文以字幕形式显示在他上方的大屏幕上。之后，他每讲一句话便稍作停顿，计算机瞬间就把这些话翻译成了中文，同时还以与他嗓音非常类似的声音进行中文朗读。事实上，拉希德完全不会讲中文，而是在前期录制了一个小时的语音材料供计算机的语音合成系统学习，以模拟他的声音。这个展示赢得了全场的掌声。《纽约时报》发表头版文章，使用"真的很棒！"等字眼称赞人工智能；紧接着，《纽约客》（New Yorker）也发表文章回应，称"这让我们向真正的智能时代迈进"。

现在，人工智能已经可以成功识别图像。2011 年，我们已经拥有了一台视力水平高于人类的计算机，这台计算机的图像识别精度是人眼的两倍。此后，有更多的计算机科学家让计算机学会了看。2012 年，Google 宣布他们的一个深度学习算法在 YouTube 上进行了为期一个月的视频影像学习，并在收集了 16 000 台计算机上的数据后，已经可以仅通过视频影像分辨人和猫。到 2014 年，人工智能的图像识别误差率已经降低到 6%，而人类的视觉误差水平远远高于此。人工智能图像识别技术已经基本成熟，可以在商业工业领域开展应用。2013 年，Google 宣布，他们的人工智能算法可以在两个小时内绘制出包含法国每一个地点在内的电子地图。他们把人工智能算法接入街景以识别街道号牌，如果这项工作由人工完成，那将耗费巨大的时间和精力，且效果不能保证比机器更好。另外，百度也在图片识别上有所突破。在百度图片搜索中上传一张图片，机器会自动为你找到与图片对象相同或相似的结果，还可以理解图片中包含的信息，并从数据库数以亿计的图片中进行搜索匹配。人工智能的图像识别还可以让计算机学会阅读。瑞士的计算机科学家已经让机器学会了阅读中文，且水平已经高于普通的以中文为母语的中国人，而中文是世界文字中笔画图形最复杂的一种文字。人工智能在医学影像上的水平已经超越人类最高水平的医师，并可以依据这些影像进行医学研究和病理学分析。

新事物出现，然后旧事物被取代，在我们有限的人生中这样的例子可能不多，但历史给了我们充分的证据。人类的进化和技术的进步基本保持了匀速增长，但今天，我们看到人工智能的能力正以指数方式增长。当前，我们还会感觉机器仍然很笨，但以当前的增长率，5 年内人工智能将整体超过人类的水平。在人类发展史上，蒸汽机的出现让人类生产水平提高了一大截。然而问题是，一段时间之后，明显的增长趋势便转平，这也就是技术增长的 S 曲线所表示的。

人工智能革命与工业革命的不同之处在于，人工智能不会停下来，而且会越来越智能；同时它们可以制造出更加智能的计算机，这将是世界从未经历过的革命。人工智能革命的裂变能力就像一台曲速引擎，向前持续探索更高的机器智能，向后不断压缩低效率人类活动的生存空间。在过去的 25 年中，资本的生产力在加速，而劳动的生产力在变缓，甚至有所下降。也许人们在听到这种人工智能的威胁时会不以为然，会觉得机器没有感情、没有艺术情趣、不会思考，甚至不知道自己是如何运作的。我们所面临的情况是，人类用大部分有偿劳动时间完成的工作，机器都可以高效廉价地完成。所以我们该认真地思考，如何调整我们的社会结构和经济结构，以适应这种局面大规模来临时的窘境。

人工智能对我们的重建，其不可阻挡性主要来自于机器具备比人类更高的进化能力。历史上，我们未曾拿蒸汽机、电动机与人类进行控制权的比较。而在计算机出现的短短几十年内，我们就开始思考机器取代人类的可能性。这就是伟大发明带给人类的理性。

 ## 漫长的白手起家与短暂的权利让渡

公元 14—17 世纪，人类古代最伟大的发明悉数登场，纸、印刷术、指南针、火药、水泥、海上经纬仪、光学镜片、显微镜、牛痘疫苗、法律、民主制度等，这些共同构成了那个时期的文明。而且也就是从那个时期，人类真正开始了运用技术改造地理的进程。

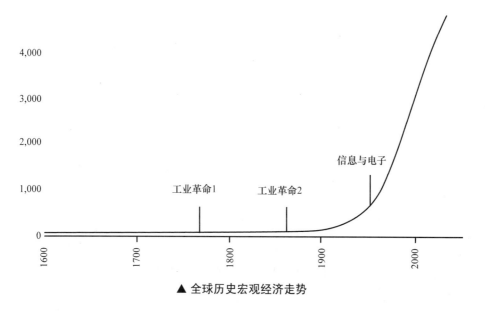

▲ 全球历史宏观经济走势

非常偶然，18 世纪蒸汽机出现在了英国，引发了一场以英国为先导的工业革命。一般来说，经济学家经常使用图表来探讨经济繁荣与增长的问题。图表中的曲线在中世纪时代缓慢上升，反映了公元 1000—1800 年 8 个世纪中微不足道的经济增长。但急速的增长发生在 1800 年后，曲线以大约 45 度角的斜率陡然上升，并一直持续到现在。自工业革命后，人们的收入也开始以历史上前所未有的超常速度进入持续增长期。

大多数历史观察家及一些资深经济学家认为，技术进步是经济增长的动力，工业革命的发生几乎是 1800 年后经济高速增长的唯一原因。从手摇纺纱车、风车、水磨机，到蒸汽机、发电机的发明，技术在进步，经济在增长，带动了人类文明的急速发展。

从 18—20 世纪末期，人类社会完成了几乎所有的基础设施，政府、政治制度、法律、贸易、市场、教育、金融、现代企业制度、通信、交通等，已经包含了与之相关的科学和技术的进步。令人意想不到的是，这些维持人类社会运转的秩序，在计算机技术和互联网科技出现的短短几十年里就面临了巨大挑战。人类历经几百年才完成的基础设施，在计算机和互联网面前显得与时代格格不入。尤其是在大数据和人工智能技术逐渐成熟后，原有人类社会的基础设施更是摇摇欲坠。

我们在上文中简单回顾了人类发展历程中数个关键时刻，以及随之出现的技术进步。纵观人类发展史，人类直立行走将双手解放出来，被解放出来的双手改造了人类生活的环境，把人类顺利带入体力劳动阶段。而新科技的进步，让沉浸在体力劳动中的人类需要进一步解放。每一次科技革命都伴随着新的机会，繁重的体力劳动在减少，需要创造性的脑力劳动在增加。我们看到，计算机和互联网技术正依附在人类经历数十万年建立起来的基础设施之上，并通过不断的调整和扩张，将这些基础设施改造为符合技术发展要求的模样。在这一次新科技革命中，人类不像以往历次掌握着绝对的主动权，而是在某些方面被技术裹挟着前进。

在这一次新科技革命中，科技以巨大的力量、极快的速度占领了维持人类社会的所有基础设施，其渗透性和改造能力超乎以往。它仅仅用几十年的时间，就完成了人类用数十万年才建立起来的基础设施。毫无疑问，这次人类跟科技的对话将成为一次交易，而且是一次涉及数个人类权利让渡的交易。在科技面前，人类从未如此慌张过。

我们会在后面的章节中陆续讨论机器智能化后的一些情况，其中涉及对人类社会和个人的多层面影响。

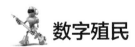 数字殖民

从互联网的发展历程来看，90 后，确切地说 95 后是中国互联网第一代原住民。他

们在刚刚可以进行社会交流的时候，中国的互联网就已经有了初步的基础铺设。生活、学习、工作所涉及的方方面面都有互联网的覆盖，只是早期，互联网的使用还没有今天这么便捷。

伴随着互联网成长起来的一代人，在内心对互联网有着纯真的感情，他们所有的活动在互联网上都可以找到对应的服务，便捷且准确。长期以来，人们会准时回家，观看几十年如一日的《新闻联播》，以了解国内外发生的新闻。而互联网出现之后，及时可靠的资讯消息在计算机和手机屏幕上随时闪现，家中的长辈尽管还保持着看《新闻联播》的习惯，但是他们再也不会相信主持人所说的"今天的新闻内容就这些"。按时播出的天气预报也是互联网出现前收视率非常高的电视节目，简单的气温、天气情况预报为人们带来了对第二天的安全感。而今天，任何一个智能手机都可以直接告诉你当前天气状况以及最近一段时间的天气趋势，还包括近些年大家极其关注的空气质量、紫外线水平等，实时更新的天气数据为人们决策出行和穿衣提供了参考。如果这些还不够的话，专门的天气预报 APP 还会明确地给出出行、穿衣、防晒等建议。在互联网环境下生长起来的一代人，被互联网的贴心和便捷小心地呵护着。这使得长久以来"互联网原住民"们都相信，网络可以帮他们解决任何事情。相对于我们这些以新潮和工具化心态接触互联网的人，"原住民"们对待互联网的感情是完全不同的。

由于工作需要，我经常会查阅一些资料，所以会频繁光顾图书馆。某次，一个互联网环境下成长起来的学生在得知我要去图书馆查阅资料后，反应出乎寻常的惊讶，他说："网上可以搜到很多资料，为什么还要去图书馆？"事实上，图书馆在查找资料方面有其独有的优势，这正如互联网也在其擅长领域保持领先一样。早期以雅虎为代表的互联网企业，面对的网上信息没有今天这么庞大，因此几乎只需用手动输入和加标签的形式就可以完成录入和归类。也就是说，互联网在早期沿用的信息归类管理方式与图书馆沿用的传统图书情报学管理方式是一致的；只是由于后来信息太过庞大，才使用了以搜索和推荐为主要机制的信息发现。使用互联网查询资料，较图书馆有一个很大的劣势：人们可以从互联网上得知自己想知道的任何事情，但完全没有办法知道自己一无所知的事情。也就是说，我们可以通过问题搜索得知答案，但如果我们连问题是什么都不知道呢？另外，图书馆在延伸阅读方面也有不错的表现：书本与书本之间的物理隔绝是不存在的，以至于书架和书架之间也不存在什么隔阂，我们可以用目光随便扫过书架，若能发现感兴趣的书就拿下来随便翻两页。这个随意浏览知识的过程在互联网上是无法完成的，我们的视野被局限于屏幕的大小，屏幕和屏幕之间就是互联网信息间的最大隔阂。对于互联网环境下成长起来的一代人来说，他们对图书馆的感受可能并不明确，互联网给了他们太多直接面对结果的可能性。图书馆不仅仅是一个有很多书、安静典雅的适合阅读的环境，更是延续人类对于知识分类和传播的古老方式，这个方式不会因为互联网的出现就变得不正确。

从获取信息这个层面，我们能深切地感受到互联网出现后人们对它的依赖。在今天看来，某些依赖似乎是缺乏理性的，这主要体现在人们正在逐渐忘记互联网出现之前自己处理事情的方式。移动出行巨头滴滴和 Uber 的出现，让人们学会了用手机叫车。出门之前先叫一部车，然后坐等几分钟等司机来接，成为现在很多人出行的一种习惯。这种习惯在大中型城市上班一族中得到广泛传播，一时间移动叫车出行几乎成了唯一的出行方式，传统的公共交通和出租车被迅速地边缘化了。我们不禁要问，这种出行习惯的巨大改变经历了怎样漫长和复杂的过程？事实上，这个过程并不复杂，也并不漫长。滴滴出行的前身滴滴打车，是国内最早推出移动约车服务的科技公司，该公司成立于2012 年。也就是说，移动约车出行从出现到形成社会风潮仅仅用了 4 年，这期间经历了补贴大战和 O2O 行业强力的线下推广。但不管力度有多大，能改变人们持续了几十年的出行习惯，这不得不说是个壮举。今天我们经常听到有人以打不到车为迟到理由，这其实真实地反映了人们对于互联网的过度依赖。或许最近几年出生的一代人，在长大之后会完全不知道出行还可以到路边招手打出租车。从某种意义上讲，由于互联网对这一代人的照顾过于贴心，反而限制了他们对于其他可能性的想象空间；一旦互联网失灵，他们就会变得无所适从。今天，很多人不依赖手机地图服务已经无法到达目的地，多数约见的地点不再是一个地址，而是一个 GPS 地理坐标，司机在地图服务失灵的情况下就会没有方向感。这些在我们看来微不足道的小事，不断在警醒着我们，应该理性对待网络服务。

当然，每一次技术的普及都会造成前代行为方式的消失。就如同计算机普及之后，我们再也不用笔算开平方根；空调普及之后，我们再也不用摇着扇子回到那个闷热的夏天。但互联网作为一个复杂程度超过以往任何新技术的系统，我们仍需要担心，我们是否已经具备了可以使它持续稳定运转的能力。要知道，互联网不是电气化时代的电灯，只要电网不被破坏，灯丝没被烧断，就能一直亮着。任何互联网服务都依靠规模庞大的系统做支撑。或许我们是多虑了，但互联网的稳定性确实是一个不必讳言的问题。我们经常会遇到网络服务不稳定的情况，包括刚刚我们提到的移动出行服务、银行系统、地图定位服务、视频浏览等今天被普遍使用的网络应用。

可以说，互联网在短短的数年内就重建了整个社会的服务架构。在互联网下成长起来的一代人，欣然接受了所有互联网带来的便利。在这些便利条件的呵护下，大家似乎也接受了生活应当以互联网为方式的现实。随着这代人成为社会的中坚力量，这个意识也将被进一步强化，而互联网的地位也将在这种强化中得到加强。

 ## 从技术加速到加速的技术

如果我们能把太阳辐射到地球上能量的 0.03% 收集起来，就可以满足人类 2000 多年的能源需求。当然，以我们现在的技术水平还远远做不到这点。如果某一天，我们的技术进展到可以进行大规模的太阳能收集转化，我们的世界将会改变。每一次新技术的出现，都会在瞬间将世界重建成不同的样子。

18 世纪最伟大的发明家尼古拉·特斯拉（Nikola Tesla）是交流电系统的发明人。今天特斯拉的名字之所以被人熟知，是因为埃隆·马斯克以其名字命名了他的电动汽车。事实上，埃隆·马斯克也毫不讳言他对尼古拉·特斯拉本人的敬仰。诺贝尔奖基金会曾将特斯拉和爱迪生作为 1915 年物理学奖的候选人，特斯拉本人于 1937 年正式被诺贝尔物理学奖提名。这位伟大的发明家以他对电力的痴迷几乎描绘出一幅以他想象的电力系统驱动的世界，依赖电力驱动的反重力装置可以让巨大的低空飞行器成为可能；他发明的"死光"，可以阻止战争的发生；依靠遍布世界各处的高塔，可以进行远距离电力输送和免费的无线电通信等。可以说，特斯拉几乎就要实现他的梦想了。1905 年，他以建设发电站为由，从 JP 摩根处得到 15 万美元投资，用这笔钱在纽约长岛建造了沃登克里弗塔，这就是他希望在世界各处安放的高塔的初级模板。1903 年，沃登克里弗塔曾在几百公里范围内制造了规模浩大的人工闪电，我们猜想那可能是特斯拉在进行远距离电力输送的实验。特斯拉曾带着他发明的"死光"去向当时的美国战争部推销。他说："死光"启动后可以让数百英里范围内的飞机瞬间失速下坠，并能准确击毁远距离的目标，这样兼具攻击和防御性的武器，无疑是避免战争最好的武器。但最终，战争部选择了爱因斯坦提出的原子弹的制造计划。可以想象，特斯拉的"死光"也是一项耗资巨大的工程。今天，可能是资料充公的原因，我们已经看不到当时特斯拉对"死光"的详细设计。但很巧的是，在 70 年后的今天，激光武器开始受到人们的注意。自以色列的一家防卫设备制造公司生产出第一个激光武器系统之后，世界各国便对这种武器形态开始趋之若鹜地投入研发。

这时我们不得不感叹，多数的先进科技项目之所以会失败，主要还是因为时机不对。也就是说，不是所有成功所需的因素都会在被需要的时候出现。如果特斯拉的"死光"是在相对和平的今天，而不是在"二战"背景下提出，或许美国会采用他的方案；如果沃登克里弗塔计划不是在电力基础设施还不稳固的 18 世纪初被设计出来，或许这真的是一个非常棒的科学尝试。

我们以数据和历史的眼光观察技术的进步，可以严谨地建立数学模型对技术发展的模拟，这并不是一般意义上的预测未来。如果今天我们试图预测将来何种技术会成为主流，以哪种技术为基础的商业会成功，或许很少有人能说得准。但是我们可以清晰地计算出 10 年后，超级计算机进行百万次计算的单位成本、存储单位数据的硬件成本、进行一次 DNA 碱基对排列的单位成本或进行一次定量无线数据通信的成本。这些技术的发展都是可预测的，且遵循着平滑的发展曲线。我们可以依据现在的生产要素数据和技术发展速度，准确地预测 5 年、10 年、20 年后的技术发展情况。但这里，我们需要解释一个问题：为什么技术会按照指数方式增长？对于未来，我们经常习惯性地以线性的方式进行思考。于是问题会持续被发现并被解决，以今天的发展速度模拟未来的发展趋势。但是，观察整个技术发展的趋势，我们看到指数增长确实是存在的事实。

1990 年人类基因组计划启动，当时由中国科学院、中国科技部牵头，带领北京基因组研究所、北京师范大学、国家人类基因组北方研究中心、国家人类基因组南方研究中心等机构的科学家，与美国、英国、法国、德国、日本科学家一道推动这一计划。人类基因组计划预算 30 亿美元，预计耗时 15 年。面对这样一项巨大的工程，很多人都提出了质疑。即便在这个项目已经启动 10 年之后，质疑的声音仍然相当大。他们认为，项目的执行时间已经过去三分之二，而整个基因组图谱的绘制工作才刚刚完成了很小一部分。当时的质疑声在今天看来完全是缺乏远见的，因为质疑者忽略了技术指数增长的趋势，即当发展的曲线达到某个拐点时，整个进程会进入爆炸式的增长阶段。这也就是为什么为期 15 年的人类基因组计划的大部分工作都在最后几年完成，而且整个计划还能比预期的时间提前 2 年完成。科学家曾经用了 15 年时间完成对艾滋病毒的基因测序，而对付非典病毒只用了 31 天。技术进入指数增长阶段后，人类克服困难的能力也随之有了指数级的增长。

后来，参与人类基因组计划的中国团队分离出来的科学家成立了华大基因集团，其市值几乎可以覆盖最初计划启动时的预算成本。而且，在华大完成一次基因检测的成本已经降到每个人都可以承担的程度。

我们曾经用几十年的时间去接受电视、电话、收音机，但最近我们仅仅用 7～8 年时间就完全接受了计算机、互联网和手机。数字手机普及后，2007 年乔布斯发布了第一代苹果手机。仅仅 2 年后，智能手机已经在主要通信市场普及开来。从数据上，我们看到一个科技进化加速的过程，且技术之间以一种互动的方式运转。一个技术的突破带来整个能力和效率的提升，然后这个能力被用来推动下层级的进步，这个过程在开始时迹象并不会很明显，但如果累积到一定程度，加速的效应就会显现出来。

技术的进化和生物的进化非常类似，首先是 DNA 的进化，可能会经历几十亿年。在完成 DNA 进化之后，以后的进化过程是围绕这个遗传信息进行的，包括引起蛋白质和相关组织的进化，最终引起整个生物体的进化。正是由于以上微观的进化过程的存在，才出现了寒武纪大爆发，这当然不是偶然出现的。之后仅仅用了 1000 年，地球上所有动物的身体都发生了进化，整个过程加速了几百倍。然后，在这个基础上进化出更高级的认知功能。这是生物界一直存在的固有过程，以至于今天还在延续。

从本质上来讲，科技的发展就是生物进化的延续，发展出智能的人类创造出工具，直立行走的人可以用手握工具来操纵环境，并逐渐进化出协调的行为动作。逐渐地，我们用智慧创造出科技，而科技使简单的人类行为变得复杂，进而能更好地改变世界。总而言之，人类作为一个物种，经历了几十万年的进化，才达到与今天接近的地步，期间各种工具和科技的互动运转让最近的一两千年成为人类进化的高峰期。科技由人类创造，伴随人类成长几万年，科技进化的第一步可能是打造的石器。从那时到今天，科技已经成为这个加速过程中的主力因素。

工业4.0后机器与劳动力的博弈

长久以来的一个问题如今被人重新提起，那就是人工智能之后的机器会对人类造成什么样的威胁。著名理论物理学家霍金教授和特斯拉总裁马斯克在相近的时间，以极其严肃的语气向我们表达了他们的担忧。

人类是设置：效率优先还是存在优先

人们总是担心机器获得智能之后，会不会反过来奴役人类。事实上，这个担忧完全没有必要。按照一般的逻辑和科技发展，这都将是必然会出现的情况，只是范围大小的问题。

我们不妨先将这个问题细化为两个假设：

（1）机器可以完全取代人类；

（2）机器不能完全取代人类。

如果假设（1）成立，那机器完全没有必要奴役人类，而是会直接灭绝人类。逻辑是这样的：当初人类为了提高效率制造出机器，在机器的辅助下人类能更快地生产，那么人类相比于机器来说是低效的，机器的产生是为了追求效率，那么它就完全不会对低效的人类产生兴趣，于是人类会就此灭绝。这就好比我们在古代会通过驯服牛马来提高农业生产效率，而如今有了农业机械的我们对驯服牛马就完全不感兴趣了，只会垂涎于它们的美味，或是钟情于和它们嬉戏的快乐。

如果假设（2）成立，那人类最差的状态就是被机器圈禁起来，用以生产某种东西，尽管我们现在不知道这种需要生产的东西是什么；或者人类仍然有机器无法取代的能力，但这种能力是机器不需要的，比如人的生育能力。而且即便是生育能力，机器仍可以创造一种效率更高的繁殖技术取代人的自然生育。在《黑客帝国》中，机器把人看作是电力的来源，而人也变成了机器精心培育的一个生物。

凯文·凯利算过一笔细账，他以人脑中的神经突触数量作为一个单位，也就是 1HB（human brain），对比当前互联网的信息流量、数据存储量和增长比率，得出一个粗略的时间：大概在 2040 年，机器的智能将超过全球 60 亿人。

制造业升级的动力

效率更高的机器正在取代人成为加工生产活动的主力，当前的自动化生产和机器人工厂已经让数以百万计的工人失去了工作。这一局面的形成是急速的，仅用了短短的十几年时间。或许大家都有这样的经历：跟长辈聊天，谈到工作一天回来感觉很累时，总会被长辈数落不能吃苦不够努力，他们的理由也很简单，就是一整天坐在办公室里，完全没有体力劳动，那么累从何来。如果说这是一种普遍的现象，那么我们有理由相信在最近的十几年中，我们的生产方式已经从原来的劳力向智力转变，原来的劳动任务被效率更高的机器承担起来，人的工作层级得到了提升。这种提升有没有上限，也就是之前提到的问题，机器有没有能力完全替代人，或者人有没有能力掌控越来越智能的机器。至今我们也不得而知，但由机器代替机械化的劳动这个趋势是存在的。

通用电气（GE）是最早将自动化带到中国的跨国公司，并第一次在中国玩起了非此即彼的零和游戏。通用希望它的数字化工业公司解决方案能在中国成功，事实上中国的确已经到了该认真考虑这个问题的时刻。根据国家统计局和中国物流与采购联合会共同发布的数据，2016 年 8 月，制造业采购经理人指数（PMI）已经降至49.7%，创 2012 年 8 月以来的新低。PMI 一旦低于 50%，就意味着产业发展下行压力巨大，传统产业的发展遇到了前所未有的挑战。在国家层面，李克强总理大力推进"中国制造2025"行动计划的实施，中国领导层也在德国提出"工业4.0"概念之后迅速跟进。一切信号都在显示，中国需要强大的新兴产业来支撑之后几年的增长。也正是因为这样，通用将在华业务的增长希望压在了清洁能源、医疗、航空、交通运输系统、工业互联网上。中国作为一个后发国家，这些都是有政策保障的新兴产业。

当今的劳动力人口问题

当前的生产力已经达到了很高的程度，劳动力人口问题也随之改变。在以往，土地和人口是最紧缺的资源，劳动力人口要积极地参加劳动以维持一个生产水平，保障个人和社会的物质供应；而如今，劳动力尽管仍是紧缺资源，但劳动力问题的外延在"就业率"这个概念的催生下得到了扩大。劳动力人口在就业状态下能生产价值，而在失业状态下则会增加社会管理成本和不稳定因素。

遥远的成熟期

前段时间，我与一个从美国回来的朋友在中关村创业街的咖啡馆聊天，我们自然而然就谈到了创业热和互联网泡沫。他说，"如果没见过2000年左右的硅谷，那说明你还不知道什么叫互联网泡沫"。据他的描述，20世纪90年代末的那几年，洛杉矶机场每天最繁忙的时间是从印度飞来的航班集中降落的时刻，操着印度英语到来的青年们并不想先熟悉一下这里的情况，而是走出机场坐上大巴沿着5号公路一路北上硅谷。在创业者必经的道路两旁，尤其是5号公路周围，一个个巨大的广告牌宣传着新的网络公司在建立、新的赢利模式在出现、新的未来创想在实施、围绕互联网的投资项目在开展等。当时在美国西海岸，所有的资本都在关注互联网公司，所有的产业基金都在准备为自己打造一个互联网产品。以至于你只需要注册一个域名，就可以跟投资人谈上市计划了。今天，我们常说的18个月上市计划也是从那个时候开始的。互联网鼎盛时期的那几年，美国"超级碗"时段的广告经常出现互联网公司的身影。

"超级碗"插播的动辄数百万的广告，被一些还未实现赢利的互联网公司买下，这种情况在 2000 年前后时有发生。

　　迅速发展的互联网公司由于招不到人，开始在全世界范围内找会写代码的程序员。在那一段时间，大批具有计算机知识的青年前往美国支援，因中国那时有出国限制而人数稍逊。这些具有国际纵队气质的计算机青年，在短短几年后就由于互联网泡沫破裂转变了行进方向。在互联网泡沫刚刚破裂的那段时间，开着几乎全新的丰田凯美瑞、花冠汽车的互联网青年，把车停在机场停车场，买一张回国的单程票，跟来时一样，只有一个背包，离开了美国。几周之内，洛杉矶机场就被互联网青年遗弃的汽车塞满，而这些贷款买来的汽车还没出磨合期就被银行低价拍卖。

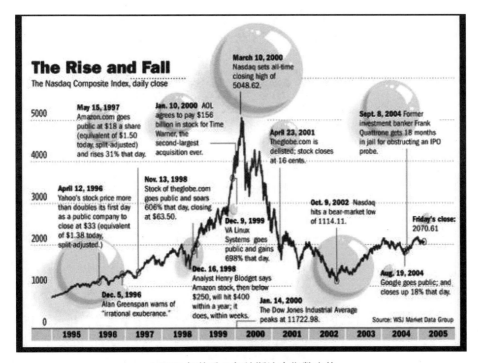

▲2000 年前后几年纳斯达克指数走势

　　1999 年 9 月，时代周刊以 getrich.com 为封面选题，进行了长达 20 页的报道，以描述互联网将带来的诱人前景。这则报道在今天仍可以作为夸大宣传互联网的教材，今天的互联网从业者应该找到这本杂志来学习他们激动人心的措辞。

▲1999 年 9 月期《时代周刊》封面

　　其实，中国的互联网也是出现在那个时候。1999 年，中关村迎来了从互联网前线偶然飞落的互联网火种。时任美国总统的克林顿，多次在公开场合谈到"信息高速公路"概念。作为那时中国创新的最前沿，中关村立起了"中国人离信息高速公路有多远？"的巨大广告牌。一时间，互联网就像金矿一样吸引了来自四方的掘金人。

　　事实上，加州地区是人类历史上巨大泡沫现象的试验场。在 18—19 世纪时，这里掀起了一股强度比互联网泡沫更大的淘金狂潮。1848 年 1 月 24 日，加州 Sutter's（萨特）锯木厂的工人 James Marshall（詹姆斯·马歇尔）在科洛马附近（萨克拉门托东北 36 英里）的美国河（American River）南支流河岸发现了黄金。1848 年 3 月 15 日，旧金山报纸"The Californian"首次公开报道了发现黄金的消息。最初人们并不相信，都怀疑这么珍贵的金属怎么会随地可捡。到 1850 年，美国东海岸的人还不断听到淘金一夜暴富的消息，可他们还是不相信。到 1852 年，大规模向西淘金的风潮兴起，大家都在后悔为什么几年前不去加州。在 1849 年的淘金热中，人们一共从加州挖出了价值 7 亿美元的黄金，而这次淘金热迅速推动了加州地区的繁荣。

▲ "淘金热"时期加州的淘金者

　　夸张的宣传和以讹传讹的暴富故事，让人们丢下自己的工作，离开故乡前往加州。前来淘金的人们在旧金山港口下船，当时不大的旧金山港聚集了超过 600 艘船，船一到港，乘客和船员就一同跳下船去淘金，在港口剩下了 600 艘空空的船，以至于很多后来到达的船无法停靠。W. T. 谢尔曼（W.T. Sherman）是位美国内战名将，曾于 1848 年参与军政总督发起的官方调查，正式确认加州发现了黄金。在这次调查中，他还发现了旧金山兵营中出现的士兵擅自离岗的行为。兵营中 1300 名士兵有一半私自跑去淘金，兵营长官不敢派出搜捕队，因为他知道巨大的黄金诱惑会让搜捕队瞬间变为淘金队。其中加州兵营的一个士兵在寄往家中的信里这样写道：我每天都在矛盾挣扎中度过，一边是做正确的事情，每月 6 美元；另一边是做逃兵，每天 75 美元。

　　尽管淘金热让很多人发了财，但是普遍来看也产生了巨大的消耗。盲目到来的淘金者并没有做好相应的计划，他们不知道矿床在何处、要走多远。骡子和马在当时承担了主要的运送任务，在淘金路上到处可见骡子和马的尸体。路经悬崖的山路旁除了骡马的尸体还有人的尸体，此外便是散落的马鞍和货物。多数淘金者的境遇都很凄惨，能全身而退已经足够让人羡慕了。在那段时间，真正发财的还是那些拥有专业设备和工人的大型采矿企业。

互联网在 2000 年出现泡沫的时候，其基础设施属性并未能得到很好的显现。在电力时代刚刚来临的时候，各个发明家都在对公众推销自己对于那个时代的创想，包括我们前文曾提到的特斯拉及大名鼎鼎的爱迪生。爱迪生被我们熟知是因为他发明了电灯泡，但爱迪生真正的创举是将电力变成一个巨大的产业。电灯泡的发明让电力照明成为一种时尚，当时的人们都希望在自己家里安上一盏电灯。但电灯毕竟需要一根通电的电线才能亮起来，于是爱迪生在为用户安装电灯的同时，顺便拥有了一个供电网络。铺设供电网络相比于生产电灯是一项需要更大资本驱动的工程，不管是在地下埋设主干电线还是架在电线杆上，都需要重新整修街道，当然最核心的是还需要建发电站。爱迪生成立了电气公司，专门经营这个生意，并出资建设这些基础设施，这就是今天通用电气的前身。

我们回顾电气时代的发展历程，除了电网与互联网在基础设施属性上的共同点外，还有产业发展道路上的比较。电网的发展路径是从电灯到电网再到电器和电力服务，其中的详情我们会在后面提到。而互联网是基于原有电话网和通信网，从一开始就是"含着金汤勺"出生的，也未经历过电气时代电灯到电网的从无到有的过程。1994 年互联网之所以能在一瞬间于没有外部投资的情况下出现 2300% 的增长，是因为它继承使用了所有铺设完成的基础设施。互联网的寄生属性，延续到它后来的发展中。我们看到，今天互联网所覆盖的服务，都是基于原有产业的升级，也就是我们常说的"互联网＋"。互联网与实体产业的依附关系还将继续，这是由它自身基因决定的。

我们回到电气时代的讨论，爱迪生以电灯为产品建设起来的电网带动了多种家电设备的发明，而这一热潮持续了将近半个世纪。最早的家用电器是 1890 年发明的电风扇，电熨斗也是那个时代的成功发明。1905 年发明了吸尘器，尽管第一代产品由于巨大的重量（超过 40 公斤）和昂贵的造价（接近一台福特 T 型车 1/4 的造价）并未成功，但随着持续的改进，吸尘器也被沿用下来。洗衣机最早的产品也出自那个时代，当时的洗衣机采取双桶结构，一个桶放肥皂水，一个桶放清水，有点像今天的半自动洗衣机。当然，期间还有数不清的不成功产品，我们在这里就不一一举例说明了。

所有刚刚列举的产品的出现，都是在开关发明之前。这非常挑战我们的思维，没有开关的电器我们该怎么用呢？如果你看过一些老上海的黑白电影，会发现当时的人们总是手托一块厚布去拧灯泡，即人们在不需要电灯亮的时候，会将它拧下来，这就是开关发明之前的情形。正因如此，在使用电器的时候，人们会把装有类似灯泡底部的电线拧到灯座上。在今天这是不能想象的，每次想熄灭电灯，就要爬上天花板，拧下灯泡；每次使用电器，就要再次爬上天花板，把电器供电线的一端拧在灯座上。

回想100多年前电气时代刚刚来临的时候，我们才知道今天那些习以为常的设施经过了多么漫长的更新换代。包括互联网在内，很多新技术的创新都经历过刚刚提到的狂热淘金潮，以及盲目淘金后痛不欲生的失败。近两年VR产业也在经历类似的巨大"泡沫"，人们怀着对未来巨大的憧憬进入这个行业，得到的却是失望。但随着对产业发展的梳理，我反而认为应该正确对待泡沫的问题。因为大泡沫意味着大市场，小泡沫意味着小市场，而没有泡沫的产业被认为是没有发展前景的。这是在开放的市场条件下，信息和资本流通的必然结果。这是拥有科技水平和创新精神的人追求成功的淘金机会，技术创新是持续发展的。当然，依靠新技术创新的机会与淘金不同，再富有的金矿也会有资源枯竭的时候。

100年前的人们习惯了每天爬上爬下地控制电灯，他们不会想到今天我们通过手机或者声音就可以完成对家中任一家电的控制。100年前的人们认为，当夜幕降临时屋里充满亮光就是很好的生活，我们今天希望通过创新让生活变得更加便捷和智能。科技具有重建一切的力量，因为它永无止境。

机器的生命体征

　　在生命出现之前，整个宇宙中只充斥着无机物、简单的有机物、元素颗粒等简单物质，似乎毫无生机。在生命出现之后，复杂物质开始陆续出现。科学家在外太空探索生命的过程中，以寻找复杂物质作为探寻生命的一种方式。从地球数亿年的历史来看，原本不适合生命生存的环境被生命加以改造，陆地、海洋、天空在远古时代是苍茫一片的地理空间，如今都被生命占领。现在，我们可以从太空上看到大片的原始森林、成片的城市群以及大面积的海洋藻类。这些都是生命的痕迹，但在地球刚刚出现的时候是完全不存在的，而生命以它顽强的方式在这个星球上扎根。我们现在还可以进行外太空探索，穿越大气层的宇宙飞船带着种子、动物在外太空飞行，让这些适应了地球环境的生物去努力适应外太空的环境；人类曾登上月球，还雄心勃勃地准备殖民火星。所有这些努力，都是在为地球生命向外拓展寻找可能性。可以说将来有一天，银河系都会出现生命的影子。不管现在周围的星球看起来适不适合生命存在，只要生命的某个变体形式能在那里扎根，从历史的经验来看，生命固有的改造环境的本能就会被激发出来，直至将那里改造成一片适宜生存的沃土。生命的对外扩张是与生俱来的，就如同热会从温度较高的物体向温度较低的物体传递一样。从这个角度来看，生命的对外扩张也符合热力学第二定律。

迄今为止，生命是如何出现的仍未可知，生命还是遵循着测不准原理，在漫长的历史和无规则的物质碰撞中让人无法推测其相关性。自然万物都是从有序到无序，物理学中"熵"的概念就此提出，以衡量事物的无序程度。但生命似乎并不是这样的，奥地利物理学家埃尔温·薛定谔在他1944年的著作《生命是什么：活细胞的物理观》中提出生命的有序性发展，也就是说生命是从无序到有序而熵值变小。生命需要通过不断地减少生活中生产的正熵，使你自己维持在一个稳定而较低的熵水平。薛定谔将生物学与量子力学协调起来观察的尝试，为分子生物学和DNA的发现做了概念上的准备。事实上，随着时间增加熵值增加的认定是有前提的，这需要在没有外力的影响下进行。但生命作为现实世界的产物，充满了外界的影响，与实验室环境相去甚远。在近些年对宇宙的观察中，发现宇宙也在呈现一种别致的有序，从传统宇宙大爆炸理论出发，宇宙在大爆炸的一瞬间出现了元素和简单物质，在爆炸力的作用下物质向遥远的方向移动，但这一片混沌在万有引力的作用下开始凝聚，逐渐形成了各种天体，天体在引力的作用下形成星系，原来的混沌状态在变得有序，熵值也在减少。以上这些对宇宙的不严谨描述只是想说明有序的普遍存在。

那么，我们这本专门探讨技术的书，为什么要对生命、宇宙那么感兴趣呢？事实上，还原到本质，我们发现今天的计算机和网络世界，正在按照刚刚提到的自然定理进行自我发展，其形态类似生命出现的早期。前麻省理工学院教授爱德华·弗雷德金（Edward Fredkin）曾经说过："宇宙就是一部计算机。"他的这个说法，开启了将物质系统的研究放入计算性处理过程的探索。

从过程上讲，生命的发展也充满了无数小的过程。按照物理学和热力学进行分析后，我们发现这与计算机所进行的小过程极其类似。宇宙的粒子总数是一定的，生命作为宇宙的一部分，可以吸收宇宙其他部分来扩充自己；信息的存在是基于对宇宙的整体描述，宇宙是恒定的，同样，信息量的扩展也是建立在对宇宙更完善描述的基础之上。如果这个过程一直持续下去，我们可以从计算机网络中窥看生命发展的历程。这不需要经历30万年，信息的发展快于生命的进化，几秒钟就可能模拟生命数年的变化。

换一个角度来讲，如果计算机网络和生命在生长过程中有如此的相似性，那么是不是说计算机网络也可以以信息为原体进化出另一种形态的生命呢？对于这个问题，我们还无法回答。

失速的"摩尔定律"

1965年4月19日，《电子学》杂志（Electronics Magazine）发表了后来成为英特尔（Intel）创始人之一的戈登·摩尔（Gordon Moore）的文章《让集成电路填满更多的组件》。摩尔在文中预言，半导体芯片上集成的晶体管和电阻数量会每年增加一倍，这就是摩尔定律的由来。摩尔定律的内容大致可以表述为：在价格不变的情况下，集成电路上可容纳的元件数量，每隔18～24个月便会增加一倍，性能也将提升一倍。从这一点出发，可以推导出很多定理。似乎人们真的把摩尔定律当作一个不需证明、不言自明的真理，可事实上摩尔定律却只是个预言或者叫猜想，尽管它预言了在随后的几十年中集成电路行业的发展。从下图来看，微处理器的发展确实暗合了摩尔定律绘制的蓝图。

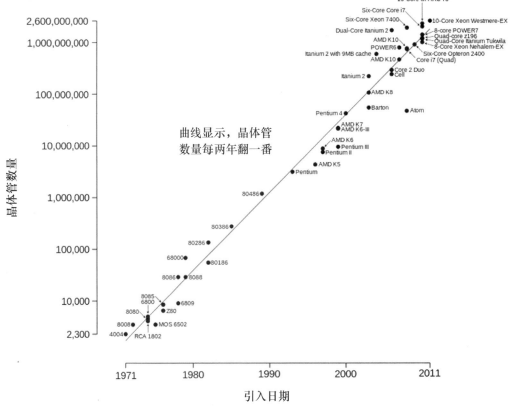

▲1971—2011年微处理器晶体管数量的增长符合"摩尔定律"趋势

芯片巨头英特尔曾表示，他们可以每年升级处理器的制程（广义的制程是整个 CPU 的制造工艺，狭义的制程也可以理解为单位面积可容纳原件的数量），可是被自己创始人的定律猛追了 40 多年之后，他们不得不面对现实——摩尔定律只是个猜想，并非定律。右图中的这个女孩将一张巨大的纸对折了 11 次，她的任务可是要对折 50 次。当然这是做不到的，为什么？因为对折 50 次之后，这堆纸的高度几乎是地球到太阳的距离，而直径只有一个质子的一半，这样的理论数据是人力完全不可能达到的。应用到集成电路行业的摩尔定律也是一样，

▲ 女孩和她对折了 11 次的纸

按照常规的说法，18 个月制程翻一番，如果这个过程一直持续，那以后的 CPU 运算速度会快到无穷，体积会小到无穷。日后的 CPU 可以变成一个大型质子的尺寸（已经够小了），那 18 个月之后呢？难道 CPU 还能再缩小吗？那时候就是摩尔定律的尽头。

当前较为成熟的制程技术是 14nm，因特尔期望 2015 年达到 8nm，但现在看来这个进度要延迟到 2017 年（见下图）。英特尔和 AMD 在"摩尔定律的驱赶之下"互相进行着高强度的军备竞赛，处理器主频也在互相超越。在实验室环境下，IBM 的科学家已经可以将 CPU 制程做到 5nm，且大家还在更小、更快的路上继续艰难前进。当然，在更小、更快之后，能耗成为 CPU 的实验成果能否被产品化的主要障碍。在不计电力消耗、靠液氮进行冷却的情况下，高能耗高漏电的 CPU 完全可以工作。但是如果装在笔记本计算机中，就完全不适用。"80 后"的计算机用户可能有这样的感觉：这两年 CPU 的主频不升反降。我记得 2002—2003 年的时候，CPU 主频可以到 3.9 ～ 4.0GHz。而看看现在，都是 1 点几、2 点几，2.8 就已经很高了，完全不见 3 开头的，这主要是囿于能耗和散热的问题。像当前笔记本计算机 CPU 功率大概是 15W、25W、35W 的样子，台式机 CPU 功率

100W 左右，如果将台式机 CPU 直接装在笔记本计算机上，那随机携带的电池电量十几分钟就消耗完了，而十几分钟根本不能进行移动办公。更重要的是，CPU 工作时产生的巨大热量无法散出，会严重损坏计算机的元器件。

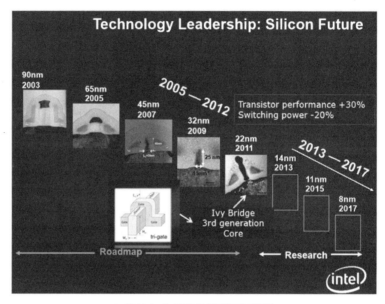

▲ 英特尔产品研发的重要里程碑

在个人计算机微处理器的领域，以上的摩尔疲态已经非常明显。在手机处理器方面，相信随后的几年中也会出现，而且出现的速度会更快。因为手机的元器件集成化程度更高，而且供电完全依靠电池，处理器的功耗和散热成为手机处理器发展的最大制约。苹果公司在 iPhone6 Plus 之后才在 CPU 能耗上有了显著的突破，因为手机的便携性一定是优于其他属性的。

同样，摩尔定律也影响了存储器的发展。在大名鼎鼎的战斧式巡航导弹研制期间，由于存储器而拖延了装备时间，早期的战斧在战斗飞行中采用惯性制导加地形匹配（后期迭代时加入了 GPS 全球定位修正制导）。当年战斧需要一个随弹携带的 32KB 存储器来存储战区地图，而这在当时来说是很困难的。记得 2002 年我的第一台计算机内存是 16MB，硬盘容量 40G；今天新上市的计算机内存是 8G（1G=1024MB），机械硬盘容量是 1TB（1TB=1024GB）。按照摩尔定律，今天普遍的内存应该是在 1G 左右，内存的增长跑赢了摩尔定律。而就在最近，希捷公司刚刚发布了个人用 8TB 硬盘，也完全超过了摩尔定律的预计。在云存储方面存在着巨大的空间，但是存储空间巨大也导致了另一个问题：读取速度较慢。近几年，读取速度快但存储空间较小的固态硬盘产品得到了市场的认可。空间和读取速度是存储器领域中的鱼和熊掌，与微处理器的主频和功耗类似。

英特尔、AMD、IBM 完全可以做出一个主频 20GHz 的处理器，希捷、金士顿、西部数据也完全可以让机械硬盘的存储空间扩充到 100TB。但他们没有这么做，因为这就像男孩之间的比大游戏，有趣但没有任何实际意义。不仅因为将其产品化需要太多稳定性方面的工作，更因为周边的资源无法搭建适合这种怪物产品存在的环境，运营商的带宽供应、电力能源供给方面都面临着挑战。也就是说，这是一个类似 4×4 接力赛的游戏，谁都不可以掉队。

安迪—比尔定理（Andy and Bill's Law）——这个由摩尔定律推导而出的所谓的定理，深刻地揭示了计算机全行业的团体性。人们隔一段时间就需要升级自己的计算机产品，其内在动力就是安迪—比尔定理，即所谓的 What Andy gives，Bill takes away（安迪带来的会被比尔带走）。安迪是指原英特尔公司的 CEO 安迪·格鲁夫，比尔是指微软集团联合创始人比尔·盖茨。安迪—比尔定理的意思是，英特尔会不断推出更快的处理器以扩大计算机的计算资源，而微软推出的操作系统和软件会吃掉英特尔新处理器的计算资源，那么为了使用体验，用户不得不升级设备，这样就带动了整个行业的增长。既然这是一个群体游戏，那大家就要步调一致，跑得太快的和跑得太慢的都容易遭到淘汰并拖垮整个行业。

从 2001 年 Windows XP 发布到 2008 年 Windows Vista 发布的 7 年时间，尽管安迪一直在让处理器越来越快，但比尔一点都没有拿走。消费者感觉自己的设备跟几年之前一样好用，根本没有升级的愿望，于是整个行业被拖累，几大 PC 和硬件厂商生意惨淡。熬不住的 SUN 公司在 2009 年被甲骨文低价收购，从源头上说也该怪罪看起来八竿子打不着的懒散的微软工程师。上一次危机有人后知后觉跑晚了，连累了大家；这一次却是有人跑快了，无意之间让其余人显得那么无能。在 2015 年上半年，PC 行业整体销量萎缩12%，而 MAC 市场却反而有了大比例的增长。苹果公司在整个行业中就是那个跑得很快的小伙伴，不是大家跑得慢，而是它跑得太快了。苹果新 MacBook 发布之后的好长一段时间，消费者都没见到现货，主要是因为英特尔方面供应给 MacBook 的低功耗处理器没有完成（MacBook 没有散热装置，电池容量也有限，所以对 CPU 的功耗要求高）。

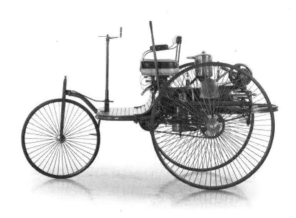

▲ 卡尔·奔驰发明的汽车

这并不是一篇悲伤的祭文，为纪念我们逝去的"摩尔定律"。不，科技还会继续，或许有摩尔定律那么快，或许没有。人类就像一个被埋在玩具堆里的孩子，他可能会拿着一个机器人兴趣盎然地玩一整天，也可能拿几片残缺的积木消磨 5 分钟的耐性。不要为他担心，他在一堆玩具中间，总有玩具可以玩。我们可以把计算机带入光学计算机时代、量子计算机时代，我们的比特科学还能加速。

100 多年之前，卡尔·奔驰发明了这辆汽车，在很多奔驰 4S 店展厅都有其模型。从第一辆汽车到现在的汽车，外形已经发生了很大的变化，内核更是有了巨大的进步。但是作为内燃机汽车，30 年前和今天的汽车变化就没那么大了，顶多是在各项指标上有微小提升。尽管这样，汽车工业消失了吗？没有，反而变成了当今不亚于互联网的热门行业。这是因为电动汽车特斯拉，但也不全是，它是得益于电池技术和电机技术的突破，并且我们也看到了类似摩尔定律式的发展加速度。下一步汽车会是什么样谁也不知道，可能核能反应堆或者核电池的小型化民用化技术成熟之后，核能汽车也会出现。

摩尔定律确实不是个严谨的定律，缺乏严格的科学推算。但是它恰恰代表了一种愿望，将美好科技瞬间带到眼前的愿望。我们期待的是用科技将人类引入下一个时代的瞬间。

 **夜不闭户**

互联网发展到今天，计算机设备已经被网络整合为一体。之前我们会认为一台计算

机就是一台计算设备，而现在我们会习惯性地将其看作是一台网络终端。网络基础设施的发展将我们的存储和计算都搬到线上，手边的计算机和手机只是调用线上主机的资源。网络的建设让本地设备的任务变得更加简单，只需联网就可以进行很多原本需要强大的本地资源的工作，这也促成了网络终端设备的小型化。主机和终端之间频繁的数据交换，也最终促成了大数据的快速崛起，而这些数据中大多数是个人数据。

云的发展正是基于网络基础设施、终端设备小型化、数据链条建设等条件的成熟。云服务的范围从基本的计算和存储资源的共享，到今天覆盖全面的在线服务的形成。云的快速发展是在社交网络兴起之后，社交网络的出现对个人使用网络空间提出了更高要求。在社交网络出现之前，网络很少需要应对数以亿计的用户同时在线进行复杂操作的情形。这与搜索引擎还不同，社交网络需要执行包括搜索在内的图片上传、文本编辑、信息归类、数据链整合等操作。这样复杂的需求，也最终催生了复杂的云计算系统。

随着云计算成为网络使用的主流，以及终端设备与云之间频繁的数据交换，云计算环境下个人信息的保护措施、责任认定问题也被推到了前台。因为在互联网刚出现的时候，上网信息共享是当时构建者的共识。但随着越来越多没有这类共识的普通使用者的进入，加之对于信息保护的意愿不能被原有的网络价值所掩盖，社会也越来越认为应该加强对个人信息的保护，并基于此目的对开放性过强的互联网加以改造。

近段时间，由于网络和电信诈骗的恶劣社会影响，我国在个人信息安全方面加大了力度。事实上，保护个人信息在数年之前就是一个很重要的问题。因为对于网络来说，个人的一系列情况都会以数据的形式被记录下来，且由于网络极强的复制和传播特性，个人一旦登录网络，就会变成一个透明人。如果互联网有人类意识，那它将是世界上最了解我们的人。我们的名字、邮箱、电话、住址、行动路线、信用卡信息、收入情况、子女状况、婚姻、情绪、爱好等，都被一个个标签和社交网络的状态记录下来。综合这些数据之后，一个人的基本情况也就自然而然地立体呈现在我们面前。如果对这些数据加以分析，就可以清清楚楚地知道每一个人的情况，这对个人信息安全将是极大的威胁。

社会工程学是美国传奇黑客凯文·米特尼克在他的著作《欺骗的艺术》中提出的概念，在黑客攻击中被广泛应用。它利用人们的心理弱点、本能、好奇、信任、贪婪等缺点，对人们进行欺诈、伤害。社会工程学不同于一般的欺诈手段，而是一项复杂的系统工程。

原则上，如果一个社会工程学欺骗程序设计完善，仅仅通过谨慎小心是不足以识破的。社会工程学与一般欺骗的不同之处还在于，它的实施是以搜集大量受害者信息为基础的心理战。一般来说，人性和心理方面的缺陷是难以克服的。社会工程学就是利用人性的弱点实施攻击，让人防不胜防。水平高超的社会工程师都很擅长信息的收集，而且首先要是一个很好的情报工作者。很多表面上看起来毫无用处的信息都会被这些人拿来利用，如一个电话号码、一个名字、一个 ID 号码或者一张名片等。社会工程学其实就是信息的收集与利用，本质上是一种骗术。由于它与网络安全技术的紧密性不是特别大，所以这不是网络安全建设的技术性问题，而是管理机制问题。

至此，我们可以提出今天对于信息安全的担忧：云计算让个人信息过多地暴露在公众视线中；网络设备对于个人信息的记录相当详细；社会工程学欺骗盛行，云为社会工程学攻击者提供了非常好的收集个人信息的途径。这就是我们在今天要如此看重个人信息保护的原因。

网络中的个人信息主要分为以下几种。①个人真实信息：姓名、身份证、手机号、学历、职业、银行卡、社保信息；②和资金账户有关的信息：网银 ID、支付宝、微信、证券账户等；③与真实信息有联结的普通网络账号信息：QQ 号、微信、微博、邮箱、二手交易平台等；④其他账号信息：各种论坛、小型网站等。一般获取了某人的 QQ 号和手机号，结合一个可以申请手机通讯录权限的 APP，就可以完全获得此人的个人信息。从当前来看，手机作为兴起最快的个人信息泄露源，值得大家着重保护。手机泄露的信息大多与财产有直接关系，最容易泄露的途径包括电商 APP。电商经常与第三方广告数据公司进行市场数据研究，以完善广告系统。其他的还包括银行、证券、保险等 ID 信息和交易信息。某些时候为了避免注册账户烦琐的过程，我们会用网站提供的 QQ 号、微信、微博第三方账户进行登录。这样相当于主动把自己第三方账号的信息公开给对方，如果被授权的网站在网络安全上的漏洞被黑客发现，本网站的个人信息连同第三方账户的个人信息都将悉数泄露。而这些泄露的信息，将通过各种地下渠道流入社会工程学攻击者手中。

隐私作为一个概念，可追溯至 19 世纪末在《哈佛法律评论》中的一篇文章。文中回顾了英国法律对个人自由和私人财产的保护，并由此推断出了"隐私权"的存在，其核心意义是"独处的权利"。1970 年，德国最早注意到计算机在公关和私人领域的广泛应用，进而制定了一系列数据保护的法规。从此，陆续有 90 多个国家在个人隐私方面进行立法保护。我们这里重申一下，在互联网时代，个人信息的保护面临巨大的挑战。在基础设施方面，不管是云计算的硬件加密保护，还是网络安全机制的攻防配合都是技术层面的问题。今天个人信息泄露所造成的恶劣后果不完全是基础设施的原因，而是由于从来都没有完善的系统。个人信息保护在今后将是法律法规建设和社会制约机制不断完善的过程，互联网发展到今天的体量已经很难从根本上改变它开放的结构。既然我们已经不得不"夜不闭户"，那唯一的选择就是建设安全社区。

 沉默的大多数

　　微博、微信等社交媒体工具的出现，让网络民意成为社会各界交相关注的问题。这其中不健康的网络行为在利益的鼓动下泛滥开来，而多数网民以接收信息和事件围观为主，并没有参与到舆论对决中。事实上，网络民意与真实的民意之间有巨大距离，所以在面对网络民意时，应保持理性的态度，因为如果过于重视网络民意，沉默者的利益就会受到侵犯。

　　互联网中的"群体极化"容易滋生极端观点，这一点我们在本次美国大选中看得很清楚。纵观历次美国大选，在党内初选阶段，候选人都以极端的观点赢得党内提名，这几乎成了他们的唯一策略。事实上，这种策略背后也有统计学和博弈论的理论支持。在获得群体认同方面，极端言论是有巨大能量的。尤其是在社交媒体发达的今天，人们被社交媒体圈定为无数个持有特殊意见和观点的圈子。每一个团体都有自己明确的主张和主义倾向，加之社交媒体字数和篇幅的限制，无数缺乏前因后果的极端言论从社交网络中流传出来，并在各个网络社群中传播。网络社群会根据自己的主张和主义倾向进行加工，并再次将其传播出去。所有刚刚提到的传播过程都需要精心的准备和专业的编辑，而这些专业能力是一般网民所不具备的。如今，可以说是人类历史上煽动性言论生产最多、传播范围最广的时代。

　　王小波在著作《沉默的大多数》中用随笔的形式发掘了很多埋藏在我们生活中、却不为我们所知的社会情况。他对这些隐形问题的探讨和不断发出的真知灼见，让我们看到了埋藏在复杂社会层次之下的真实以及那些在社会角落存在的生态。在我们还有王小波的时候，他代替我们观察这个社会；而互联网的出现，以公开、民主的姿态示人。我们以为这就是现代的王小波，可事实上却不是。

互联网没有反映我们真实的社会，也不可能做到真实。从互联网成为社会基础设施的那一刻起，它就成为重要的资源。这也就是为什么我们说，在互联网公开民主的表面下，是广大网民的沉默和不知所措，更不用说至今还不具备上网条件的贫困人群。

年轻人的崛起

1947 年，37 岁的费孝通在其社会学经典著作《乡土中国》中对传统中国进行了细致的剖析，他认为中国有一种沿袭已久且相当稳定的社会文化形态，并不会轻易随着政权和制度的变化而消失。书中对我们熟知的意识和习俗进行了细致的解读，比如为什么家族中要讲究长幼有序，人为何故土难离，死后还要叶落归根，社会礼俗形成的原因是什么，为什么长期保持熟人社会，为什么民间重交情不重契约等。这本书第一篇《乡土本色》有这样一句话："从基层上看去，中国社会是乡土性的。"也就是说，依靠土地世代传承，并在上面耕种的乡下人才是中国社会的基层。乡下人与土地绑定，他们最明显的一个特征就是缺乏流动能力。乡下社会在地方性的限制下成了生于斯、死于斯的中国基层社会。这是费孝通先生对中国基层社会的认识，全书所有的论述也就由此展开。

在这样的一个社会中，他认为由于土地与人的绑定，导致社会交流和变化极少，社会强烈地依靠经验运转，不管是农业生产还是日常生活，在循环稳定的社会中，最具有经验的都是家族中的老年人。他们的经验被认为是需要传递给下一代的人生智慧，这些经验可以帮助年轻人更好地完成社会活动，而不必进行无意义的试错。所以，老人在家族中享有至高无上的地位。

德国著名哲学家黑格尔提出过类似的对中国社会的看法，他认为中国的历史从本质上看是没有历史的，只是君主覆灭的一再重复而已。任何进步都不可能从中产生，这也从一个方面证明了老年人在中国社会中长期居于核心权利地位的合理性。但是中国人的智慧就在于，人们往往可以看到事物的反面，《庄子·天地》就有云："寿则辱"。

　　在近几十年的中国，有智慧的老年长者的权威地位受到了两次巨大的冲击。第一次是在新中国成立初期，老年长者的形象和他们固守的传统与当时的红色运动气氛格格不入，受到冲击也再所难免。第一次的冲击是运动式的，随着时间的流逝会慢慢淡化。第二次则是现在，互联网的普及和新技术的密集出现，让年老长者的智慧受到了挑战。我们在前面讲过，年老长者在中国社会长期受到尊重，这是古代农业社会在生产生活方面的长期稳定所致。长者由于经验丰富，在这样一个稳定的社会中几乎可以凭借经验解决年轻人的所有困惑。而今天互联网和种种新技术的出现，把原本的价值观和稳定的社会完全打破了。

　　我们举一个例子，人口这个词带有明显的农业社会色彩。在农业社会，土地和人口是重要的生产资料。经济的增长需要农业生产，农业的种植需要土地，当时耕地的生产能力是基本恒定的。要想经济得到增长，那就需要开垦更多的土地，而开垦土地需要劳动力也就是人口。新开垦的土地生产的粮食可以养活新增人口，可一旦人口增长到超过土地生产负荷的时候，就会出现瘟疫或者战乱导致人口锐减。等祸乱过去，人口和土地又按照之前的关系进行下一轮循环。人口这个词的来历，就是人要吃饭的意思。过去农业社会的生产模式非常单一——种粮，这也就导致了为什么中国人把"吃饭"看得那么重要。

　　但是如今，尤其是互联网出现之后，知识经济和创意经济成为社会生产的主流，加之现在社会生产能力的飞速提高，人的吃饭问题再也不是困扰社会发展的障碍。人力资源成为这个时代对人的定义，人作为一种社会资源存在而不是以往需要粮食喂养的"人口"。

　　新技术让年轻一代成为社会生产的主要力量，这一系列的改变迫使年老长者长久以来把持的经验资源持续贬值，也使得年老长者的社会地位在近些年迅速衰落。当然，中国有敬老爱老的良好传统，老年人在社会中依然可以受到良好的照顾和尊重。但从社会生产角度来看，他们的地位已经较以前弱化得多。

　　可以说，年轻一代对于新工具和技术的应用是前辈人无法企及的。以计算机和互联网为例，它们的操作面板和操作程序与以往工业时代已经有很大不同，更不用说农业时代。当前的传媒工具也与之前的报纸、杂志、电影、电视、广播有了很大不同，上辈人无法很好地理解这些新媒体带来的传播的变化，这也让应用变得很困难。计算机和互联网还改变了人们日常的语言习惯，以及部分用语。曾经风靡一时的"火星文"是当时年轻人进行网络交流的"黑话"，受到上辈人的猛烈抨击，认为那是有话不好好说。但后来他们发现，"火星文"过后是更大规模的网络语言对现实语言的渗透，"颜值""壁咚""细思极恐"等网络词汇出现在人们的聊天和业余化的文章中。因此说，语言的改变将加速长者一辈人的边缘化。

理性地来看，首先，"劣币驱逐良币"的规律不会改变。语言学家乔姆斯基认为语言是趋向简化的，这种极度简化且指代意义不清的词汇，确实不如传统的精确达意语言词汇高级，但诸如朗朗上口、指意丰富等特点，正是这类词汇流行的真正原因。其次，由于长者一辈体力、精力、视力等方面的实际问题，它无法与年轻人在新的平台上展开争夺。这也导致了在互联网、游戏、VR 等这类新平台上，年轻一代把持了相对较多的话语权。

年轻人的崛起由多方原因共同促成，我们仅能在文中进行不充分的比较说明。但从整个梳理过程中，能明确感受到技术文明到来时我们应该给予的重视。个人在趋势面前是渺小的，事实上，群体在趋势面前也将变得无可奈何。中国这样一个传统深厚的国家都在历次的科技革命中渐进变化，可见科技席卷一切的力量。

 ## 社交网络对传播的全面改变

互联网在日常生活和工作中的广泛应用，对传播产生了结构性的影响。今天，在一般民众范围内，以社交媒体为代表的新媒体对以印刷为基础的传统媒体有着巨大的取代趋向。尽管传统媒体被取代与商业运作上的失败有很大关系，但是新媒介体现出的活力更是其快速发展的内在动力。传统媒体的商业运作是以广告收入为主要营收依赖，从而有能力持续产出高质量的内容。但随着新媒体灵活的多种经营收入组合模式的出现，传统媒体在商业上的弱点显现出来，营收的下降将直接导致内容质量的下降。传统媒体在互联网时代面临着巨大的压力，除营收上的压力外，还有用户流失的压力。每个用户的可支配时间是一个恒定的值，每天花在社交媒体上的时间可能会挤掉用户用于其他活动的时间，这包括阅读、新闻获取、娱乐等。

以 Facebook、Twitter 为代表的社交网络的出现，让用户消费内容的渠道发生了改变。在国内，有相当一部分用户通过微信朋友圈、微博、新闻客户端阅读最新消息和内容。

近一两年，直播平台的出现也消耗了相当一部分人浏览网络内容的时间。在互联网化和社交网络化的今天，传播变得越来越个人化，信息也变得越来越分众化。

从 2015 年开始，国内传统纸质媒体发行的主要渠道之一——报刊亭在各地被大规模拆除，邮局系统作为另一个纸媒发行渠道订刊量连年下降；同时，一些之前有重要影响的传统纸质媒体也出现了大面积的停刊现象。事实上，国内互联网对于传统媒体的挤压已经持续了十余年，最早可追溯到国内商业网站刚刚出现的 2000 年左右。互联网的出现对传统媒体的冲击分为两波，第一波是对时效性媒体的冲击，首当其冲的是各地的日报和晚报。互联网的时效性较广播和电视都有明显优势，纸媒在时效性报道上更没有任何可争夺的余地。相信如果不是由政府拨款支持，首先出现大面积停刊的应该是这部分媒体。第二波是对已经网络化的传统媒体的冲击，随着传播个人化和分众化趋势的明显，人们越来越无法接受的是一个统一的新闻制作样式和内容输出范式，消息个性化成为用户抛弃传统媒体的一个理由。当然，这并不是说在网络冲击下传统媒体必然面临灭顶之灾。当前很多传统媒体已经电子化，建立了自己的网站和电子出版物，并在制作精良程度和用户体验方面做出了巨大努力。随着社交媒体被信息噪声充斥，用户也越来越希望从浮躁的网络消息中解脱出来，静静地阅读一篇严肃的、由职业编辑制作的长文，从中获得更多的理性思考和事实真相。

社交媒体出现后，传播还是发生了翻天覆地的变化。计算机和互联网为个人提供了自组织信息内容并对其进行传播的可能。社交媒体的快速增长和自媒体群体的兴起，可能会打破原有内容生产者和消费者的平衡关系。这次在传媒领域的变化与 50 年前电视时代来临时的境遇大有不同，电视的出现让动态影像成为吸引人的焦点；这仅仅是在媒体形式上的创新，在传播模式上还是以大众传播为主。而互联网的出现，在两个方向上都极大地冲击了传统的传媒。首先，互联网是全媒体形式，包含文字、图片、音频、视频，综合了纸媒、电视、广播这些传统媒体的表现形式；其次，互联网传播是双向交互式传播，在传统传播中以读者来信、新闻网站的评论和留言为代表的早期传统传播互动形式，由于很少融入主流报道，已经被社交化的传播形式全面取代。社交媒体的用户可以直接就某个消息进行讨论，且他们的讨论会被围观，讨论的结果还可以成为深加工的消息得到二次传播。这样充满往来的互动传播，是传统媒体无论如何也做不到的。

当前，每当重大事件发生时，公众通过社交媒体提供的信息跟传统媒体报道的信息在总量上都几乎对等。现在，很多媒体都是从社交网络上寻找新闻线索。BBC 的用户中心有大概 20 多人的团队，专门在社交网络上监控、核对、过滤用户产生的内容，以发现新闻线索。CNN 专门建立了独立网站 iReport 征集用户投稿，鼓励用户上传全球最新的新闻消息。这种用户产生内容（UGC 模式），再由新闻机构加以筛选和加工的做法现在已经成为全球新闻机构的重要工作程序。

当前的自媒体已经从传统的博客专栏作者，拓展到以 YouTube 为平台代表的视频播客群体。以直播网站为平台的主播群体，还有大量的音频播客活跃在各大音频分享网站，他们也经常通过自己搭建的网站分享这些音频节目。

自媒体的传播倾向于一种制作简单化的趋势，这并不意味着粗制滥造，频繁出现的工具为自媒体作者提供了简单易用的排版工具、图片处理工具、录音录像工具，让自媒体作者通过简单的操作就能制作出可以接近专业水平的传播素材。一台笔记本计算机加上相应的软件就足以支持一个自媒体作者的日常工作，这在以往是难以想象的。

近些年在国内兴起的直播平台，并没有像国外平台那样在第一线新闻报道和重大事件转播上发挥巨大作用，反而在全民娱乐这个层面展现了自己独有的优势。美女直播、才艺展示、唱将表演成为网络直播平台上人们喜爱的节目形式。从本质上讲，主播是自媒体的一种形式，但国内的直播平台在全民泛娱乐领域的成功，让我们看到互联网传播的巨大潜力。只要进行必要的形式创新，就可以发展出全新的传播形式和传播内容。

数字媒体和社交媒体的兴起为传播创造了更加复杂的生态系统，工业时代原本简单的传播关系也被互联网的开放性打乱。新媒体与传统媒体以及受众的关系，需要打破简单的取代和补充模式，以及传播与被传播关系。当然，新媒体的发展还有很多不足，传统媒体由于历史的积累，很多行为和制度上的优点都值得新媒体学习。互联网，尤其是社交网络的出现让传播冲破了产业的界限，传播工具化已经开始在社会上普及开来，人人参与传播的势头已经呈现。几十年以来形成的新闻传播的规则将被逐渐打破，个人在传播中应该扮演更加负责任、积极主动的角色。相对而言，假消息和谣言也将越来越普遍。我们在迎接互联网带给我们传播便利的同时，是否已经做好接受一切后果的准备，这是我们需要思考的问题。

第二章 ●

势态 ●

停不下来的革命

数千年前人类学会了使用工具,使人的能力第一次得到延伸;300 年前的工业革命,使能源成为推动人类改造世界的动力;50 年前发生而且正在发生着的信息革命,给人类能力的延伸提供了更多的可能性。想象力成为稀缺的资源,比特技术能以想象构建一个新世界。微型计算机、移动设备、可穿戴设备、自动驾驶汽车、机器人……所有这些的背后都是信息革命带来的副产品,那主要的是什么?

还记得斯皮尔伯格的经典电影《侏罗纪公园》里面的情节吗?以哈蒙德为首的科学家团队从琥珀中找到来自远古的蚊子,并从其身上提取了恐龙 DNA,借此克隆出了大量的恐龙,希望能够赚大钱。他们赚钱的方法就是建了一个设备完善的公园,完善的设备可以保护游客,也可以防止恐龙互相残杀,但由于员工想窃取恐龙 DNA 信息改善财务状况,于是蓄意破坏了安全系统,导致安全设备全部失控,后面的失控场面即便没有看过影片的人也能想象出来。

一个为了赚钱而开展的恐龙研究项目能造成如此巨大的后果,这是哈蒙德博士怎么也想不到的,包括那个破坏安全系统的员工,他也不清楚自己在做什么。因为希望多赚一点钱,就伸手打开了潘多拉魔盒。我认为这似乎是个寓言,预示了所有这样轻率的行为会带来的影响，而互联网的产生也具有了这样的现实场景。

DARPA（美国国防高等研究计划署）在研制互联网的时候只有一个非常卑微的目的：不要让敌方有机会整体摧毁我们的通信网；美国高校和研究机构在完善和推广使用过程中的理由更加卑微：方便交流（以 E-mail 为主）。时至今日，互联网已经遍布全球各地，并深入我们生活的方方面面；而且，互联网的智能水平以指数级的增长速度在赶超人类智力。在可预见的未来，我们都清楚地认识到互联网将要改变我们，但如何改变仍是一个无从知晓的问题。

今天的我们已经习惯了互联网的存在，我们可以在指尖连接全球的网友，阅读全世界的新鲜资讯，乃至出行、饮食、商旅等这样的生活场景都要有互联网的参与才能完成。其实我们有必要简单回顾一下互联网作为一个事物萌芽和进化的过程，用流行一点的语言叫"从 0 到 1"。

1974 年，好奇的计算机科学家发明了网际网络通信协议（Internet Protocol Suite），就是我们现在熟知的 TCP/IP。它的规则让计算机和计算机可以对话，而可以对话的计算机加上线缆的物理连接每天互相发送着各式各样庞大的信息，互联网就这样逐渐地生长形成了。使用"生长"这个词形容互联网是有特殊意义的，因为从它产生的 50 多年来，我们能清晰地感受到互联网的生命迹象。早期的互联网像个胚胎，需要主动的营养供给逐渐成长；而现在的互联网似乎有了自己获取营养的能力，尽管我们还不清楚它是否已经长成。所有今天的互联网局面，已经超过了人类所有知识和经验的总和。

那么，我们如何开始与互联网沟通，并开始一段美好的相处？这恐怕不是使用几个 APP、打一段网络游戏就可以涵盖的，我们需要理解互联网。

 ## 从效率工具到弥漫的空气

在开始本篇之前，我想先明确两个概念：互联网和万维网，这在专业人士看来或许很肤浅，但并不代表很多人能分得清，且这两个概念直接关系到人们对网络的正确理解。

互联网被称为 Net，万维网（World Wide Web）可简称为 Web。我们现在能见到的互联网产品多数是这两者的结合，有时也被混为一谈，认为打开浏览器看看新闻看看视频就体验了互联网。事实上，这两者根本不是一回事。我们讲的互联网是通信网，而万维网是信息存储网，或者叫信息库。互联网最早的雏形是美国军方为避免苏联发起先发制人的核攻击摧毁其通信网络而研发出来的，也就是 ARPA 网（ARPA 先进项目预研局，也就是后来的 DARPA）。下面，我们来简单回顾一下互联网刚刚出现的样子。

1946 年，当时供职于兰德公司的通信工程师保罗·巴兰发现军方将所有信息集中在一个中心服务器的方法是极不明智的做法。在 1946 年的气氛中，几乎所有美国人都觉得苏联人随时会挑起先发制人的核攻击，一旦核弹摧毁了美军的中心服务器，那美国的指挥能力就会全部丧失，从而无法实施报复性的回击。因此，美军需要一个在核战争状态下生存能力极强的指挥控制网络。巴兰认识到，中心式的系统生存能力既然这么差，最直接的替代方案就是建立一个非中心式的系统。在这种思想的影响下，互联网的雏形 ARPA 网被研制出来。

今天，无孔不入的互联网是标准的军工转民用的实例，万维网则是 1980 年由英国计算机科学家蒂姆·伯纳斯 - 李在设计一种所谓的个人"记忆辅助器"时提出的概念。伯纳斯 - 李在介绍这个新东西的时候说："它可以让人们把碎片式的信息存储起来，相关信息可以以某种方式连接，逐条查看这些连接起来的词句，就可以包含所有信息。"1989 年，伯纳斯 - 李对原来的方法进行了改进，使得信息传递的大小已经几乎不受限制（当时带宽的限制还是很明显的），超文本电子文件从此就形成了。最初的超文本电子文件在显示器上是以混杂着各种超链接标记的文字显示的。这套方法被当时伯纳斯 - 李所就职的欧洲粒子物理研究所采纳，并开发出完善的系统，紧接着就被其他实验室采用。到了 1990 年，大家已经开始猜想把这套系统应用于世界网络中，也就是后来我们常说的万维网。

将这套超文本传输协议应用到全世界网络中，也就是通过互联网这套通信网调用全球范围内的基础设施（此基础设施的意义不同于后面文章提到的基础设施，其主要含义是网络线缆、服务器、机房等硬件设施）资源，并共享全球计算机系统中存储的文档和数据。在这样浩如烟海的网络世界中穿梭（老派的人肯定听过一个词"上网冲浪"），需要一个向导浏览工具，那就是后来引起各家网络巨头很多恩怨情仇的浏览器。稍后，我们会简单回顾一下浏览器的发展历程。

在万维网刚刚兴起的时候，电子文档数从 0 开始以指数增长到数以亿计，用了仅仅五六年的时间。要知道，在最开始万维网上的信息规模凭借人力几乎就能完成整理（雅虎最早就是这么干的）。但随后面临的巨大信息容量，使得人们开始考虑如何才能在这里找到自己想要的信息。于是为了解决这一问题，搜索引擎被设计出来。搜索引擎今天被广泛地运用，通过输入关键词就能找到网络中的相关文档。今天搜索引擎功能已经非常强大，但是面对巨大而复杂的万维网，搜索引擎也只能搜索其中极小的一部分（不足整个网络信息量的 0.5%）。

迄今为止，搜索引擎依然是我们获取网上信息的主要来源。以上就是我们熟知的万维网存在发展的基本逻辑。首先把孤立的文本信息链接起来，然后这个网络会吸引更多的文本信息进来。聚集起来的数据需要一个浏览工具，于是浏览器出现；在信息量进入海量阶段之后，准确定位每一个文本成为主要问题，然后搜索引擎出现。尽管当今万维网发展非常迅速，但也仅仅是信息数量继续倍增、搜索引擎功能继续强大、浏览器使用体验更好而已，没有出现革命性变化。

浏览器和搜索引擎是万维网框架内最重要的两个端口，我们来简单梳理一下它们的发展历程。

最早的浏览器由网景（Netscape）公司出品。后来，由于微软凭借 Windows 的优势强势绑定了自家的浏览器 IE（Internet Explorer），接着经营不善也错失门户网站发展机遇（雅虎首先创建分类信息目录，然后发展成门户网站）的网景被美国在线（AOL）收购。一家独大的 IE 只过了一段时间的好日子，受资本主义市场经济观念洗礼的国家市场监管部门（主要是美国和欧洲）觉得微软的这种垄断有违他们一直以来受到的教育，于是微软自 1997 年以来一直身陷反垄断调查案的泥潭，支付一个接一个、一笔又一笔的罚款和庭外和解费。事实上谁都知道，靠反垄断调查根本无法动摇一个企业的垄断地位，而是需要充分的市场竞争。随后出现的几个浏览器凭借完善的产品使用体验和技术创新动摇了微软 IE 的垄断地位，它们分别是：火狐浏览器（Mozilla 基金会）、chrome 浏览器（Google）、Safari（Apple）。除此之外还有一些特殊功能的浏览器，比如 Tor（暗网浏览器），以及很多中小厂商的产品，就不在此列举了。值得说明的是，国内厂商的一些浏览器产品，比如搜狗浏览器、猎豹浏览器、360 浏览器、百度浏览器、腾讯浏览器等都是壳浏览器。也就是说，它们套用以上四款浏览器内核，稍修改一下外观，植入一点自己的工具插件就变成了一款看起来有模有样的浏览器。

▲ 网景（Netscape）浏览器头部图

▲Tor 洋葱浏览器截图

　　搜索引擎的江湖格局简单得多，Google 在搜索引擎领域可以说是名副其实的一家独大，哪怕是在政策保护非常严重的中国（百度）、俄罗斯（Yandex）和德国（Yahoo）等地，Google 也被认为是本土搜索引擎强大的竞争对手。1998 年布林和佩奇创办 Google 的时候，已经取得搜索市场先机的 Yahoo 轻蔑地说："搜索还有什么好做的！"但今天的 Google 可以自豪地说："门户有什么好干的，Yahoo 有什么好干的！"当年的小兄弟Google，如今的市值已几乎是 Yahoo 的 6 倍。全球范围内的搜索引擎还有 Bing、Ask，以及很多特殊功能的搜索引擎，比如文献搜索、盗版电影资源搜索等，在此就不列举了。最后，说一说我国的本土搜索引擎百度。百度在搜索技术方面，与世界先进水平有极大差距；但在生活服务和用户体验方面，其中间件策略还是有优势的。毕竟对追赶世界先进技术和讨好用户的一般生活信息需要（天气预报、股票信息、快递查询）来说，后者要容易得多。

移动互联网的到来，打破了原来人们对于互联网发展方向的想象：从 Web 1.0 到 Web 2.0 到 Web 3.0 再到 N.0，从 2007 年史蒂夫·乔布斯发布第一款 iPhone 开始，在移动环境中接入互联网已经普及开来，以至于我们的生活需要不断的信息参考，也不断地创造出新的信息。信息获取的方便刺激了人们对信息索取需求的旺盛，这非常好理解。比如，当年生活在西北的朋友可能会有印象，2000 年西部大开发之前，在西北白面是比杂粮贵的，大家都在吃杂粮；2000 年西部大开发后，为了增加西北人民的收入，将杂粮价格提高、白面价格降低，然后大家都开始吃白面。什么容易获取，什么就有旺盛需求，这不仅是经济现象，更是自然现象。如今，信息就像空气一样成为生活的必需品，没有信息的辅助我们几乎寸步难行（没有导航、不知天气、不知航班信息、不知列车时刻）。互联网把信息推到了我们面前，这不需要做任何说服工作，人们就会如饥似渴地吸取信息，大有信息上瘾的趋势。

互联网的高渗透性，使得它成为了生态系统的一部分。最初原始地球大气弥漫着二氧化碳，于是最早出现的生物就吸收二氧化碳；随着大气中氧气含量的上升，依靠氧气生存的生物开始出现。如今充斥在四周的信息必将催生信息生物的出现，好在互联网已经为我们准备好了吸取信息的工具，而不必再等待数以千年进化出某个信息器官，也不必经历痛苦的优胜劣汰灭绝某些族类，一切都会以文明的方式进行。

 ## 我们已被数字化

你身高多少、体重多少、穿多大号的鞋和衣服、上几年级、毕业几年、月薪多少、电话号码是多少、住什么地方、区号邮编是多少、平时上下班坐几路公交车几号地铁线、家庭成员几个、身份证号是多少……

还有好多问题可以问，其答案都可以用数字回答。把这些数字集合起来就是一个很立体完整的人，他的身份、人生轨迹、生活状态、消费习惯等一切都可以用数字反映。不知道读者发现没有，很有趣的一点是，这些问题中没有一条问到：你叫什么名字？在网络时代，汉字的名字是不能被数字化的，于是产生了公民身份唯一识别码，也就是我们常说的身份证号码。计算机只认数字，那我们就把文字翻译给它听，这就是费尔巴哈和黑格尔常常挂在嘴边的"异化"。计算机和互联网被我们发明出来，现在反过来在语言和符号方面改变着我们的习惯。这是最无可争议的异化，完全无关乎费尔巴哈和黑格尔两人的观点区别，因为这实在是太典型了。

几年前的热播情景喜剧《武林外传》中，有一集是吕秀才以"你叫姬无命我也可以叫姬无命，我是个代号，你也是个代号，名字都是个代号"为诡辩，生生说得杀手姬无命错乱了三观，自绝了性命。这在电视剧中算个桥段，但在今天互联网世界中确实变成了事实。比如在 Google 中宽泛地搜索"张三"会出现几万条搜索结果，每一条中都有"张三"，但很显然它们并不指向一个人，而是多个名叫"张三"的不同人的信息的集合。借用吕秀才的句式：你可以叫张三，我也可以叫张三，张三只是个代号，拿掉这个代号呢，张三是谁？

按照以往的经验，"你是谁？"这个问题最直接的答案是名字。而互联网时代，我们认为那种回答是肤浅的，没有说服力的。因为你可以叫张三，我也可以叫张三，张三只是个代号，拿掉这个代号呢，张三是谁？（注：重复这句话不是为了凑字数）以数学为基础构建的话语体系，要求我们也变成数学的一部分。首先用数字描述个人的特征，就如文章开头连续的所问，每一个问题的答案都对应着一个数字或者一个数字符号；然后将这些已经被数字化的特征用 & 符号一个一个连起来，那就是这个人最详细的描述。我们完全不需要如传统一般想知道"你是谁"，因为在传统认知中这几乎就等于"名字"，而互联网时代名字是最不重要的、符号式的、可以伪造的，更是可以忽略的。

毫无疑问，人是复杂的，具有多面性，也具有多种社会角色、独有特征，这些都很难以数字化的形式完全概括。但也就是因为人的复杂性特征，让数字化变成了可能。因为如果个人整体的复杂性是难以研究概括的事实，那么把人区分成各个侧面就成了很理所当然的研究样本。比如，某人，男，年龄 22 岁，身高 175 厘米，体重 65 公斤，月薪

5000 元。这个数字化是成功的、精确的，代表着这个人精确的年龄、身高、体重和收入状况。经过这样数字化的描述，一个身材偏瘦的年轻男性形象就有了起码的轮廓。当然我们还可以继续将他更深层的智力水平、性格取向、心灵感知等部分，通过量表以数字形式显示出来，从而就可以继续罗列这个年轻男性的特征，以便对其形象进行完善。

个人的数字化是伴随着各个学科的发展而不断完善的。如今，我们每个人都已被理论和科学的工具在剖析。在研究者眼中，我们是一个样本；在互联网机器的眼中，我们是无数相关联的数字的合集。最后我们可以说一个实际问题：怎么证明你娘是你娘？其实最后我们发现，这种奇怪的问题也是数字化的副作用。因为，我们可以列举无数的证据。

她的住院分娩的时间与我出生的时间一致；

她现在的年龄 – 生育的年龄 = 我的年龄；

她与我的身份证使用轨迹在我 18 岁之前保持了高度的一致；

她和我的血型具有遗传学上的相关性；

她和我的 DNA 匹配度达到母子的程度；

她和我的银行账户在一段时间内有密切的往来（比如大学期间经常打生活费）；

她和我的手机信号三角定位在很长的时间内都处于几乎相同的坐标。

……

但这只能证明此人和我有很强的相关性，仅此而已。如果有人认为以上所有理由足够证明我娘跟我是母子，那只是你的感情认识，一点也不够严密。这其实是我们遇到的挑战。互联网机器发展得太快，已经强大到足以扭转我们传统思维的程度。转身回望，作为进化几百万年的人，几乎失去了像人一样思考的能力。或许有一天，机器进化的结果证明了人是落后的生物。但至少在今天，我们要避免因为数字化和机器语言的聒噪，而问出"怎么证明你妈妈是你妈妈？"的愚蠢问题。

 ## 想象力比知识更重要

如今，我们可以让计算机做很多看起来非常智能的事情，比如 iPhone 用户可以跟 siri

进行对话（尽管对话显得有点简单机械）、Google 翻译用户可以将任何一段看起来像语言的字符翻译成自己看得懂的语言、Google 图片搜索可以帮助用户在互联网上找到一张跟自己这张相似的图片、微软的 how-old.net 通过一张照片几乎能准确地判断出你的年龄。猛然之间我们似乎觉得计算机已经懂得了世界各地的语言，会逻辑思考并有相当的智力水平。其实不然，计算机的核心能力只有两个：一个是计算能力；另一个是存储能力。基于以上能力，傻傻的计算机开始有了灵性。

《思想》杂志在 1950 年的时候刊登了一篇图灵（Turing）的论文，题目为《计算的机器和智能》。图灵在论文中提出了一个验证机器是否具有智能的标准：图灵测试（Turing Test），一个人（代号 C）使用测试对象皆理解的语言去询问两个他看不见的对象任意一串问题。两个对象：一个是正常思维的人（代号 B），一个是机器（代号 A）。如果经过若干询问以后，C 不能得出实质的区别来分辨 A 与 B 的不同，则此机器 A 通过图灵测试（引用维基百科定义）。简言之，如果人在和机器交流的过程中，人无法分辨对方是人还是机器，那么就可以说机器具有了某种程度的智能。

受到普遍常识和语言的局限，人们总会以想当然的方法去实现图灵留给大家的未来图景——让机器以人的智能实现的方式作为标本来模仿学习。为什么会采用这样的方法论？因为人就是这样做的，没有第二种模型供人家参考，这严重考验着人们的想象力。我们可以将这种方法论形象地称为：仿生学 +。成功的例子如潜艇，整体模仿了鱼在水中升潜的原理，结合了机械、力学、热机等相关学科的知识构建而成；不成功的例子如人类早期制造飞机的思路，模仿鸟扇动翅膀产生动力的飞行机器。尽管现在这种仿生学的思路也造出过可以持续飞行的飞行器，但是我们谁都知道，当前绝大多数的飞行器都是依靠空气动力学的理论发展出来的。在"仿生学 +"这条路上，大家艰难地走了将近 40 年。更痛苦的是，"仿生学 +"在今天看来并非出路，而几乎牺牲了三代当时最优秀的计算机科学家。

既然计算机天生很难具有智能，那些看起来有些智力水平的应用难道背后都是人工实现的吗？当然不是！

图灵的论文像是一个预言，他以计算机科学之父的名义，预言了多年之后机器会具有智能。直到 1988 年，IBM 的计算机科学家彼得·布朗（Peter Brown）终于找到了实现计算机理解自然语言的方法，那就是基于数学和统计，充分发挥机器计算能力和存储能力的机器智能实现方案。这套方案实现了今天我们所知的人工智能。

斯坦福人工智能中心及视像实验室负责人李飞飞教授，带领她的团队教会了计算机"看"，他们充分使用了基于数学和统计的方案，但"仿生学"概念仍是他们不愿意放弃的法宝。只不过这次，他们的"仿生学"准确称法应该是"仿机器学"。人是如何学会"看"的？这个"看"并不是如相机或摄像机那样把影像保留下来，而是带有相当的理解。也就是说，我们"看"的意义在于我们不能仅仅看到了，还得知道我们看到的是什么。他们假设小孩子的眼睛是一台高分辨率的生物摄像机，这台摄像机的能力是每 200 毫秒（眼球转动一次平均时长 200 毫秒）就能拍摄一张高清照片，那么一个 3 岁的孩子看过 1703 亿张照片（365×3×12×30×24×60×60×1000/200 张），这个数目惊人且被标记过的图片库就教会了小孩子"看"。基于这样的考虑，李飞飞团队利用庞大的图片数据库和算法训练计算机"看"。

如今，机器可以与人对话，也可以理解自己所看到的景象，通过传感器技术还能识别气味和物质。机器已经初步具备人的感官和智能，可以不知疲倦地守候在以往只有人才能做出反应的岗位，如水下深潜、极端环境作业、病人看护、抢险救灾等。可以说，人类未来的生活很有可能因为机器智能而变得越来越美好。

Artificial Intelligence 即人工智能，这个词造得非常好。机器的智能是人工制造出来的，是区别于人的。随着技术的发展，机器可以很"聪明"，能主动学习、能积极思考。但是机器永远不能拥有人的智力，它缺乏的恰恰是人最重要的改变世界的能力——想象力。

 # 互联网是个有机智慧体

互联网（Internet），又称网际网路，或音译因特网、英特网，是网络与网络之间所串连成的庞大网络。这些网络以一组标准的网络 TCP/IP 协议族相连，链接全世界几十亿个设备，形成逻辑上的单一巨大国际网络。这是一个网络的网络，它由从地方到全球范围内几百万个私人的、学术界的、企业的和政府的网络所构成，通过电子、无线和光纤网络等一系列广泛的技术联系在一起。这种将计算机网络互相连接在一起的方法可称作"网络互联"。在这个基础上发展出覆盖全世界的全球性互联网络称互联网，即互相连接一起的网络。

以上维基百科对于互联网的定义是不完全的，互联网之所以能快速发展，其动力在于无数人的参与。互联网其实是"网络基础设施＋简单任务＋智能个体"的结构（注：为什么这里使用智能个体而不直接以人代替，因为上一篇中所说的具有某些智能的机器人在互联网环境中可以模仿人的行为），这种结构像极了人的生物构造。有人会质疑，人是以大脑为意识中心的生命体，而互联网的突出特点就是去中心化，这两者怎么可能相似？出现这种判断在所难免，就像古代人们看着天象会想象地球是宇宙的中心，这是观察和直觉所导致的。一旦深入研究，我们就会发现事实并非如此，人的结构更是去中心化的，大脑不是意识和控制中心。举个很简单的例子，我们很难控制心跳的速度和频率。事实上，大脑意识对于身体绝大部分的控制都是无效的，大脑的指令无法到达，更无法控制。

人是自下而上组织建立起来的有机生命体，我们也可以很想当然地从胚胎发育的过程中证明这一点。人都是从一个受精卵发育而来，细胞的分裂繁殖完成了整个胚胎的形成过程，一个从细胞到很多细胞再到生命的过程让人成为一个设计进化这么完全的生命体。时至今日，自负的人类曾多少次扮演上帝的角色，模仿自然设计一个庞大完善的系统。失败的例子数不胜数。那么，回望互联网呢？利用了这样一种自下而上的自然而成熟的设计理念，它的系统稳定性变得极强。

我们来抽象一下这些复杂系统的构建控制原理，其实非常简单。

（1）开始一个简单任务；

（2）可以准确无误地完成简单任务；

（3）在简单任务之上添加新任务级；

（4）将简单任务保持原状；

（5）让新任务级准确无误地运转；

（6）按以上步骤无限类推。

在互联网中有着非常多的"简单任务"，如发送一段文字、上传一张图片、点击一次链接等，这些简单任务的互联网使用者（只需简单学习，人人都可以成为互联网使用者）日复一日地准确执行着，直到有一天我们发现互联网变得更有用了。在民用互联网在中国刚刚起步的 20 世纪 90 年代末，互联网上的信息少得可怜，并不像今天在百度搜索 ××××是什么，会蹦出一大堆回答。当时的互联网没有任何答案，连百度都没有，可谓空白一片。在很长一段时间内，平民上网的主要活动是泡聊天室。这在今天是无法想象的匮乏，而当时就是如此。伴随着"简单任务"的出现，情况开始改变，"简单任务"变得越来越简单，最初想将一段文字发到网上供大家阅读要做很多工作。你首先需要一个域名，好让别人找到你；其次你要有一个网络空间或者服务器（安装调试服务器，远程登录这部分内容也得自己来）；然后你需要把那段文字做成 HTML 的 Web 页面（当时没有开源代码可以引用，所有网页代码要自己写）。至此，一段文字上传到互联网的工作才算完成。而今天，"简单任务"变得简单，复制文字并粘贴到自己的网络博客，点一下发送即可。诸如此类的"简单任务"让互联网产生了丰富的内容，量变产生了质变。在"简单任务"之上增加的任务层级逐渐多了起来，到现在我们可以通过智能的互联网找到大多数问题的答案。

在"简单任务"的驱动下，"智能个体"像搬运工一样，将一个个"简单任务"完成，搬离任务区然后存储起来，并促使"简单任务"变得更易于执行。因为较容易执行的任务总是快速大量且高质量地被完成，而不那么容易的任务在"智能个体"的挫折感中逐渐消失，或许稍微复杂的任务更有价值和意义。但这就是复杂系统的运行规则，无法违背。时至今日，强调易用性和用户体验的产品设计理念被互联网公司的产品经理奉为好产品的试金石，这其实就是"简单任务"的逻辑在作祟。

说到这里，或许你已经开始怀疑"智能个体"这个称谓是否准确了。既然"智能个体"那么服从"简单任务"的召唤，它们的智能体现在哪里呢？很简单，"智能个体"有选择"简单任务"的智能。还记得稍微复杂的"简单任务"是被什么淘汰的吗？就是"智能个体"的智能。至此，它们两者在结构层面就完成了互相影响的循环。当然，这还不足以让互联网成为有机智慧体，还需要关键一点——大数定律。

大数定律：在重复试验中，随着试验次数的增加，事件发生的频率趋于一个稳定值（引自维基百科）。在互联网中，大数定律几乎决定了很多事的方向。我们这里假定"智能个体"的智能相当，判断倾向接近（我们相信人的行为倾向是大致相同的，就好像我们走在人群中很少会担心旁边的人会扑过来侵害自己一样，尽管这样的事情确实存在，但仍属于少数）。这也就是说"智能个体"在选择"简单任务"时的标准是接近的，执行"简单任务"的行为是接近的，对于完成"简单任务"的态度是接近的……所有这些接近的情景，汇集在了一起，形成了互联网的方向。这个方向几乎不会出错，因为其背后有大量的智能作为运算支撑。

我们举一个例子来呈现互联网的智慧水平。比如一张乞丐行乞的照片出现在网络上，本着对弱者的怜悯，互联网的舆论声音表现出极高的同情倾向。但是这个图片上的乞丐其实是以行乞为生的，且收入不菲，较一般的体力劳动也更轻松，之后对于不劳而获的鄙视情绪就成为互联网的主流。通过人肉搜索，发现乞丐的身世确实悲惨，家中老母卧床不起，他为了维持家用出来打工，后被乞讨集团控制，被迫上街行乞，行乞所得收入也大部分被头目拿走，于是互联网对于这位乞丐的态度又一次转回了同情。当然，故事还可以继续杜撰下去。我想说的是，互联网在大数定律的支持下，可以做出最正确的选择，也能做到几乎全知全能，这就是互联网有机智慧体的最好体现。

可春天的眼里往往都是鲜花，锤子的眼里都是钉子，"智能个体"对大数定律的忠诚，也被人拿来作为奴役的工具。在此不展开，后面撰文详述，只列举一例供大家警醒：您的开机速度超过了全国 50% 的计算机。

网络世界充斥着数学的逻辑

我们处在一个现实世界和网络世界交汇的十字路口，每天不断地从现实世界切换到网络世界，又从网络世界切换回现实世界。在这种频繁的切换中，是否能感觉到网络世界是建立在数学的基础之上的，且不同于我们熟知的世界（其实是无知）那么杂乱无章。

当今时代，处处离不开网络。而我们看到的各种华丽的界面、便利的按钮，以及页面的跳转则是由复杂烦琐的编程实现的。现在一提起编程大家一般都会说，不就是一堆代码的集合么？是的，没有错，这些代码正确地来说就是计算机语言。那么，什么是计算机语言？它又是怎么来的呢？归根结底就要归功于我们所熟知的"数学"。数学是讲究逻辑的，而中国的逻辑思维是普遍较差的，这跟语言文字有关，也跟风俗习惯有关。著名汉学家费正清（John King Fairbank）教授在中国的一次演讲中，以儒家经典《大学》为例，阐述了中国经典文献在教育国人逻辑思维方面的缺憾。他说，《大学》讲"修身齐家治国平天下"，这种迅速跳跃式的逻辑缺乏严密性，从修身到平天下之间的漫长间隔被齐家和治国两个模糊的概念步骤草草地概括，其实这在培养人才方面并没有太多现实意义，只为中国士大夫阶层提供了一种情怀式的内驱力。中国文字是图形文字，西方文字是线性字母文字；中国文法句法之变化多端让没有语言障碍的国人都难以掌握，西方语言（以英语为例）用简单的逻辑连接词清晰地勾勒出文章的结构和作者的意见倾向。在语言文字乃至文学上，双方各有所长；但在逻辑训练上，西方的线性字母文字无疑更胜一筹。

构建网络世界的砖石是数学，逻辑严密的数学是世界通用的、是跨语言和地域的。我们的生活已经离不开网络，那么我们应该去理解它，真正地从底层了解它运行的机理，尽管有长期以来思维上的不足，但这可以克服。就像参照西方人五官和身材设计的照相技术一样，最初我们的长相并不适应在这种媒体上显现，而现在我们已经可以拍出魅力十足的人物照片。

早在原始社会，人们为了方便计量，曾使用过绳结、垒石或藤条作为计数或是计算的工具。而在我国，战国春秋时期发明了筹算法，唐朝之后便有了我们现在还一直沿用的计算工具——算盘。欧洲直至 16 世纪才出现了对数计算尺和机械计算机，此时计算机才有了它初步的雏形。到了 20 世纪 40 年代中期，第一代电子计算机诞生，而此时的计算机占地面积、重量、耗电量都是极其大的，而它每秒可以进行 5000 次的加法运算却是人类史上对计算机探索的重大进步。

最初的计算机运行靠的是最简单的计算机语言，也就是机器语言才能实现算法。那么问题来了，何为计算机语言？何为机器语言？简单来说，计算机语言通常是一个能完整、准确和规则地表达人们的意图，并用以指挥或控制计算机工作的"符号系统"。它基本分为三种：机器语言、汇编语言和高级语言。其中最原始的便是机器语言，它是用二进制代码表示的计算机能直接识别和执行的一种机器指令的集合，是计算机的设计者通过计算机的硬件结构赋予计算机的操作功能。机器语言具有灵活、直接执行和速度快等特点，但运用的这种二进制代码便是数学中的 0 和 1。

虽然这种 0 和 1 的数字很好记，但是作为编程语言毕竟复杂、易出错，于是我们聪明的人类便用与实现指令相似的英文缩写、字母和数字符号等来取代指令代码（比如英文缩写 add 就表示运算符号"+"的机器代码），此时便产生了相对于机器语言高级的汇编语言。它最大的特点便是用符号代替了机器指令代码，而且助记符与指令代码一一对应。可以说，数学的应用在计算机语言中又进了一步。

以上两种语言的发明虽能满足计算机对人类的需求，但毕竟这两种语言是面对机器而言，对于人类能够直观地运用计算机还是不方便，由此高级语言脱颖而出。它是一种面向用语而言的语言，无论何种机型的计算机，只要配备相应的高级语言的编译或是解释程序均可用高级语言编写。像如今被广泛使用的 Java、C#、C++ 等都属于高级语言，而它们实现算法的 if、else、where 等都是运用的数学思维，用于定义的 int、short、long、string 等则都是运用的数学式定义。

至此基本可以总结出，人类发明了计算机，计算机实现对人类的用途离不开数学。数学是计算机实现算法的基础，是实现程序的必备工具，是造就网络时代的奠基石，是我们从源头理解互联网逻辑的通道。

最了不起的生意

信息在人类历史的每个重要节点都扮演着极其重要的角色。就拿战争来说，多少次决定战争胜负的时刻都在于一股浓烟后面到底藏着什么、一公里以外的峡谷里到底有没有埋伏。只要稍微回顾一下历史，这样的例子比比皆是，因而信息成为系统成功的必备要素。亚当·斯密在"理性人"的基础上发展出"经济人"（自利和理性）概念。从某种程度上说，参与到社会实践中的"经济人"其决策能力是相当的，决策水平的高低主要体现在信息和情报能力。信息作为如此有价值的产品，自古就是一门生意。在未开化的年代，指路收费的乡人就是做信息生意的人。随着计算机技术和互联网的大规模应用，信息生意被无限地扩大了，人们对于信息的追求欲望在某些领域（财经领域）达到了歇斯底里的程度。

我的一个学弟，今年从卡内基梅隆大学 CS 专业（计算机科学）毕业，前些日子跟我聊天时说他要选择一个方向：是到华尔街某投行去所谓的"挣大钱"还是到 Facebook "卖广告"？因为两家公司都给他发了实习 offer，薪水其实都是差不多的。后来我一直对这件事念念不忘，为什么这个时代最好的脑袋都在想参与卖广告呢？信息生意真的已经光明到足以吸引最好的人才了吗？当然如此，因为现在这是一门大生意！

▲ 亚当·斯密

在没有现代通信技术的时代，信息的传播是不畅的。也正是因为这个，信息的生产是不足的。在匮乏的信息生产背景下，信息的消费是少之又少的。在缺乏市场作为支撑的情况下，信息这一产品得不到很好的发展。1876 年，经过南北战争的美国上下已经意识到国家将永远地（或者说长久地）凝聚在一起，无法分开。当时美国北方两个最大的城市纽约和芝加哥殷切地盼望着跨越 1300 公里的距离拥抱在一起，电话就在这一背景下得到了广泛的运用，信息第一次拥有了大跨度即时传播的工具，而人类也有史以来第一次为"说话"付费。这让资本主义制度下的美国商人兴奋不已，他们看到了信息有潜力做成一个大生意。今天信息生意被分割成许多产业，如电信产业、互联网、咨询业、广告业、新闻业、电视业等；且整体市场规模已经大到不需要合并统计的程度，信息的生意延伸到了各行各业，其渗透能力几乎像空气一样强。

互联网的出现给这门生意的扩大开创了更大的想象空间：所有一切都可以被信息化，所有信息都有价值和合理的价格，信息可以产生信息，信息的采集也更加方便。如此一来，一个以互联网为基础的、大规模信息生产、大规模信息消费、自由流通顺利分发的信息市场形成了。经过几十年的信息化积累，信息成为对比强弱的重要指标。

国办发 [2014]2 号文件《国务院办公厅关于促进地理信息产业发展的意见》中明确表示了一个信号：地理信息和相关产业的扶植发展是国家战略。我们也是在北斗系统和高分卫星上线之后才猛然警醒，原来美国这么多年以来是这么看我们的（中国的信息水平与美国有巨大的差别）。这就像一个武林宗师在回忆自己的人生一样，年轻刚出徒的时候怎么看对手、如今怎么看对手，自己都有个比较。以前我们比较两国军队数量、装备数量、动员能力，现在我们发展信息合成作战，发展只有到了这个程度才知道什么是核心。信息化之后的部队，其战斗力会产生质的飞跃。当 1991 年伊拉克战争打响后，美国提出信息战概念，国内军事理论方面有多少专家相信这个说法，大家都认为这无非是美帝国主义又一个"星球大战"式的谎言。那么到今天，我们的主流意见里面还有多少持这个意见呢？这反映出来的就是发展阶段的巨大差异。

同样以信息作为维度，我们可以清晰地看到个人在信息方面的优势能迅速转化为更具体的利益。因为有股市存在，信息和财富之间只有一个计算机屏幕的距离，证监会每年处理的非法操作股价的案件，绝大部分都以信息作为目标，掌握信息的人非法谋取巨大利益，而未掌握信息的股民就得交信息税。还有，一条精确的天气信息能让我们免于淋雨，一条路况信息能让我们避开交通拥堵路段，一条房屋租售信息能让我们找到住所，一条征婚交友信息能让我们找到伴侣，一条招聘信息能让我们找到工作……对信息的运用能力是一个人能力的重要体现，尤其在这样一个信息充斥的环境中更是如此。

由于存在信息能力，那么是能力就有高低。我们还是有不少人在抱怨信息不够多、想找的信息找不到、找到的信息不准确，这在个人信息需求方面表现得极其明显。其实早在互联网刚刚出现的几年里，互联网上的信息规模就已经比较可观了。这里不得不提到一家伟大的公司，没有这家公司就没有今天的互联网。Yahoo，成立于民用互联网出现的早期。1995 年民用互联网上的信息与今天的规模相比少得可怜，雅虎的分类目录搜索数据库几乎是通过人工完成的誊录。可就是这一个今天看起来很土的动作，改变了整个互联网乃至与信息相关的产业的规则。在以往，信息作为交换产品被赋予了很大价值；而现在，信息的分发通信渠道变得比信息更重要。根据稀缺程度，信息是爆炸式增长的，而渠道是中心化的。在这此消彼长之中，孰轻孰重早有定论。在这种模式的驱动下，硅谷的互联网从业者们喊出了"information wants free"（信息趋于免费）（这句话非常重要，后面还会提到）的口号，企图向以信息为中心的过去挑战。事实上他们也做到了这一点，渠道代替信息成为这门生意的核心生产资料。在比特科学领域，突飞猛进已经不足以形容它的变化飞速。凯文·凯利在 1993 年以"失控"为主题，表达了对未来的一些看法。

时至今日，我也认为只有"失控"才是对比特科学的真正形容，一旦踏出那一步，将再也无法控制。

信息渠道的中心化让这门生意看起来非常有利可图，以"information wants free"为号角的开拓者怀着对未来的憧憬和对商业的无限幻想开始了一段奇妙之旅：他们鼓励用户使用互联网产品，以一种革命者的姿态宣扬着未来世界的样子，对固有的以信息为中心的观念表现出无限的鄙夷。"information wants free"仍是一个句子，他们企图用更直接的语言表达强烈的价值观。最后，整句话被省略成一个词"free"，互联网的产品使用免费、信息分享免费、低成本的产品追求免费……随着对公众宣传"information wants free"被省略成"free"，他们也清醒地认识到对自己的"information wants free"应该改成"your information wants free to me"。用户不再是用户，而是生产信息的个体，这些信息在这个价值观的强大压力下被人们想当然地认为应该是免费的。就像农场中的奶牛一样，它们从未向农场主付过草料费，对它们来说在围栏之中草料是免费的，牛奶也就是免费的。好吃而且营养丰富的草料，让奶牛们忘记了围栏之外还有广阔的天地。在这种模式下，互联网江湖中顺理成章地出现了一大批以用户为产品的巨型企业。以 Google、Facebook 为首的互联网企业，加上我们国内熟悉的 BAT（百度、阿里巴巴、腾讯）都是这种以"用户牧场"为模式的信息生意的大玩家。这无疑是个天才的创新，用户不需要付钱就可以享受网络服务，企业不需要付钱就可以进货，而且还可以反过来卖给自己的供应商，也就是所谓的"客户"。这太有创意了，若不是人类几千年的发展史给信息这一产品奠定了江湖地位，今天这种靠信息赚大钱的局面肯定不会出现。但是，把渠道推上宝座的信息本身却一而再地被 free 的趋势边缘化。这不是常识，而是被扭曲的现实。清醒的人都应该知道这一点，如乔布斯。

皮克斯动画公司总裁Ed Catmull在其所著的《Creativity Inc.》中写道：乔布斯找到 Ed Catmull 说了一段话，大

▲《Creativity Inc.》封面

意是"你看现在苹果的设备是很完美的，但它们终究是要拿去填海的，而今天你领导的皮克斯所做的东西会被保存下来成为永恒"。Ed Catmull 作为乔布斯多年的同事，对乔布斯本人非常了解，也有着深厚的感情（Ed Catmull 是官方《乔布斯传》的众多批判者之一，因为他觉得该书内容与事实不符）。乔布斯说出上面的话在我们看来是多么的有见地，但事实上他却只是说出了常识而已。在官方《乔布斯传》中，作者说乔布斯本人的现实扭曲力场（Reality Distortion Ability）是他公众魅力的最好表现，具备这么强大说服力的乔布斯依然在捍卫常识，而不像其他公司那样偷梁换柱地转化问题。这里并不是陈词滥调地在给乔布斯歌功颂德，而是牵扯到一个基本的伦理问题，信息作为无形的产品，同样需要确权和保护。如果被我们称之为"用户"，那他就该为自己的使用付费，传统的确认过的利益是，用户希望得到好的产品和服务并为之付费，厂家需要提供给用户好的产品和服务并收取用户费用，这在双方利益上是通顺的。苹果秉承了这一点，做出品质优秀的苹果设备，然后卖给用户，用户使用到了好的设备，苹果的利润得到了提升。从财报上来看，设备出售的利润占到苹果利润的绝大部分。而不像 Google、Facebook 以开发用户数据为主，出售以此数据为基础的广告和周边服务为主要营收点。这就是乔布斯领导下的苹果古典的地方，他不需要考虑是内容大于渠道还是渠道大于内容，这些无聊的问题就留给别人去思考；他需要仔细思考的是如何做出或者找到优质内容，然后用何种渠道顺利接触用户，最后考验实力的是让这两者并集运作良好衔接。这是在硅谷文化中很少见的生态思维，在很长一段时间流水线思想的覆盖下，能如此考虑问题实属不易，其独立思考的能力突破了社会思潮的束缚。于是其后，业界纷纷效仿苹果生态圈的经营模式。

狄更斯《双城记》开篇写道，"这是最好的时代，这是最坏的时代；这是智慧的时代，这是愚蠢的时代；这是信仰的时期，这是怀疑的时期；这是光明的季节，这是黑暗的季节；这是希望之春，这是失望之冬；人们面前有着各样事物，人们面前一无所有；人们正在直登天堂，人们正在直下地狱"。由于计算机技术、信息理论和互联网的发展，信息从幕后走到了前台，信息从交易变成了生意。如果说这里有最让人匪夷所思的信息争端（如狄更斯描述的那样），则说明此时已经是了不起的信息时代。有交易才会有发展，大市场之下必然有优势产业，信息这门了不起的生意还在继续，在可预见的未来还会通过各种创新发展出各种各样的模式，会让人兴奋不已也会让人悲伤不已。因为这就是急速发展的信息时代给我们留下的精神体验，了不起的生意绝不仅仅是因为生意能赚钱，对社会的影响和对人的改变是树立地位的准绳。信息生意就是这样黏糊糊让我们离不开又脱不掉的东西，有朝一日我们定会发现你中有我我中有你。

 # 网络世界中的"基础设施"

我们重新思考习以为常的常识性观念，是为了更好地认识世界，而基础设施就是这样被我们熟知又常常被我们忽视的常识。当然，我们这里讨论的基础设施是局限在互联网和移动互联网范围内的。即便这样，我还是要在这里详细说明一下，机房、服务器、通信线缆、无线基站也不在我们的讨论范围内。我们将要讨论的基础设施是虚拟的。美国国家电信和信息管理局（NTIA）局长拉里·欧文在一次讲话中就此问题发表了自己的看法：当前一种新基础设施已经出现，我们将空前依赖于它，而且我们也从未预想到今天的局面。

网络是个虚拟世界，是以真实世界作为模型映射出来的。现实中，我们的基础设施有公路、铁路、机场、水库、电厂、水厂、港口等类型。交通设施建设的作用不在于可以收一笔过路费，建一座电厂或水厂也不会把眼光仅仅瞄在可以收电费和水费。一旦一项工程被命名为基础设施，其自身的收益将迅速淹没在巨大的周边效应之中。如果这么说大家都没有概念，那我们可以回顾一下历史，看看基础设施所施展出来的巨大周边效应。河南省省会郑州，直至1928年冯玉祥为其更名，郑州一直还叫郑县。懂一点历史的人都知道，河南的中心自古都在开封，张之洞修卢汉铁路时由于地质问题不得不选择了黄河河道最窄、水文最稳定的郑县作为铁路桥修建地。随后没几年，郑县变成了郑州，郑州变成了枢纽，而陇海路更加坚定了郑州的枢纽地位；另一个例子，河北省省会石家庄，在20世纪初，也就是100多年以前，还只是获鹿县下辖的石家庄村，当时河北的中心是直隶总督府所在地保定，石家庄成为地区中心只得益于一条铁路（基础设施）。为了避免在滹沱河上建桥，正太铁路和京汉铁路选择在石家庄交汇。众所周知，从山西修出来的铁路都是窄轨路，京汉路是宽轨路，于是正太路和京汉路之间的货物无法直接互通，只能就地搬运。至此，石家庄依托货运业迅速取代上面的县级单位成为地区中心，到新中国成立后成为河北省省会。

从这两个例子，我们总结出了基础设施的几个特征。

（1）投资大；

（2）容量大；

（3）吸收周边资源；

（4）产生周边正效应。

当今，我们打开计算机和智能手机，可以发现非常多的符合上述特征的基础设施。比如，Windows 操作系统、Office 办公软件、Photoshop、Android 操作系统、iOS 操作系统、亚马逊、淘宝网、微信、Uber 等。举这些例子可能会引起不少质疑和困惑，但随着商业上的成功，上述很多例子都被人无数次地谈起，而有一个概念"平台"常常飘浮在我们的耳边：淘宝不是做平台的吗？微信不是做平台的吗？亚马逊不是做平台的吗？ Android 和 iOS 不是做平台的吗？其实平台跟基础设施有着非常本质的区别，平台的结构非常简单，如果抛开高大上的面子，平台几乎等于中介。A 和 B 不认识，在没有太多轨迹交集的情况下，通过平台完成接触以及后续的交易，平台可以收取佣金，也可以免费，至此平台的任务完成。于是我们可以看到平台的任务只有两个：①弥补 A 和 B 之间的信息不对称；②给 A 和 B 的接触和交易提供媒介。但基础设施并非中介这么简单，它能做更多的事情。

我们以微信为例，微信有没有平台属性呢？当然有，微信作为基础设施具有很多属性，如通信工具的属性、媒体属性（公众号）、社交属性（朋友圈）、金融属性（微信支付）等。腾讯要"连接一切"，微信作为超级应用可以完成这一任务。当然可以完成"连接一切"任务的工具有很多，哪怕随便搭建一个 E-mail 服务都可以做到。但是作为一个基础设施是需要远景规划的，微信连接了一切，微信还要营造连接经济，这与国民经济的整体规划有着极其类似的思路。

这就像在一片平地上开发一座城市，整合这里的产业经济，真实的城市发展是需要依附于资源的，土地、水源、矿产这样的自然资源是基础，人口资源是必备。微信城的建设开发也要沿着这样的思路：从目标，再到模式，再到战略。目标跟腾讯整体目标紧密相连，模式是各事业部门政策综合配套，战略则一下子深入工具层面。

我们跳过目标部分，从模式开始探讨。腾讯在多次进行内部整合之后，被划分为 7 个事业群：互动娱乐、移动互联网、网络媒体、社交网络、微信、企业发展、技术工程。腾讯将微信定义为站在移动互联网最前沿的尖兵。也就是说，在腾讯的移动互联网目标中，微信作为主攻，其余 6 个事业群作为助攻，那么微信作为大型基础设施的模式就出现了：在移动互联网领域的发展，6 大事业群配合微信完成基础设施整合。在战略层面，以社交网络事业群产品和 QQ 邮箱完成原始用户积累；以互动事业群产品作为初期变现工具；以网络媒体事业群注入内容配合完成用户社交；最后以企业发展事业群寻找增长机会；技术工程事业群在必要时提供技术支持。要知道，不管微信现在做的是游戏分发还是大客户广告，都不会有太多收入。但是微信对于腾讯整个移动互联网能力的带动以及其余 6 大事业群的整合是有巨大价值的，这还不包括微信对于人们日常交流方式的改变以及对于电信运营商业务能力的提升等。

微信在纳入腾讯 6 大事业群资源、吸引亿级用户、消耗大量网络流量的同时，仍有产出，这点很重要。这就像一条路，修好之后三年不回收，那这条路也难以存在一样。大量吸收大量产出是微信作为超级互联网基础设施得以持续更新迭代发展的根本特征，它输出的

微信式生活方式能继续维持这种吸收和产出的运转。随着机制的完善，这将变成一个逻辑支撑顺畅的循环。到那时，微信或者腾讯才能算将其移动互联网的江湖地位固定下来。

我们以微信为例来回顾基础设施，是在强化一个观点：虚拟的网络世界是现实世界的映射。现实世界中的基础设施在于弥补人力难以跨越的鸿沟，让本来分散的力量发挥聚集和协作力量；网络世界也按照同样的逻辑再现了这一点，寻找鸿沟或许需要更多的洞察和调研，就像张之洞决定在郑州修卢汉铁路一样，只有从洛阳沿黄河堤走到开封才知道郑州的河道最窄。弥补鸿沟，很流行的一种说法叫寻找痛点。但我个人认为，痛点不足以开发出基础设施级的产品，基础设施级的成功需要创始人的社会责任，尽管有人觉得这并不重要。

从虚拟到模仿真实

一直以来，我们都在幻想另一个世界的样子。直至今日，虽然我们拥有了用比特科技构建世界的权利，但仍然在模拟现实。这是一种思维惯性，也是一种随着祖先传下来的生物经验。

从虚拟到模仿真实这一过程，最早出现在人们的视野中大概就是宗教了。在自然宗教的形成过程中，人们对于"神"生活的另一个世界充满了想象，但这种想象似乎在早期又摸不着边际。逐渐地，对于神的崇拜让这一想象变得具体：神应该是完美形象的人。从此以后，一切神域的景象都建立了起来。我们看到雅典帕特农神庙里面乳白色大理石雕刻的神像，无一不是形象完美的人，没有一块多余的肉，没有一丝多余的头发，头身比例完美，气宇轩昂。而他们居住的房子（帕特农神庙），似乎也比山下的建筑更宏伟庄严。经过时间的沉淀，从美术到建筑到音乐最终到生活的方方面面，形成了一个与世俗完全平行的神的文化。这种文化只有一个标准，那就是完美，完美到不真实。而这种完美的起点也只有一个，那就是现实，那个时代的现实。当然，在东西方除了对美好神域的完美想象外，还有对极其丑恶的完美想象，在东方叫阴间或者冥界，在西方叫地狱。对比神域的极致美，极致丑的部分也被完美地表现和映射出来。乃至后来我们模糊地认为，人间被一分为二，美好的在天堂，丑恶的在地狱。事实上，具有一定辩证思维的人都会知道，真实的世界是复杂的、多元的，这种二元性只是人们在集体想象中无意的思想聚合，本身也代表着虚拟。

回到我们构建出来的互联网世界，它是含着理想的金钥匙出生的。那些融化在人们心中的美好愿望被注入其中，以连接的形式展现在大家面前，并且仍以连接的方式促进理想的实现，这本身已经走完了虚拟到模仿现实的第一步。作为已经被赋予使命的虚拟世界，互联网正在多线出击，让其本身的虚拟看起来更真实。而它所使用的方法，就是模仿真实。

模仿真实并非互联网时代才有的新鲜玩意儿，其实在很久远的古代就已经在人们的生活中履行了很多年。有一些老派的人，如果还记得用笔纸写信的话，应该不会忘掉这么一句套话："某某吾兄（弟），见字如晤。"前半句自然是客套话，后半句的意思是见到我的字就像见到面一样。这是以文字的形式虚拟现实的面谈，这需要脑补大量的画面，从字里行间想象写信人的情绪、处境等（小时候写过情书的小伙伴肯定记得，写完之后要在信纸上滴两滴清水作为相思泪，这也是一种模拟）。后来电话的发明让这种虚拟更近了一步，声音的传递让"如晤"看起来更像那么回事了。思科网真（TelePresence）在刚刚推出的时候，思科向大家展示未来不需要见面即可高效率进行会议的情景。时至今日，思科网真卖了不知道多少套，可是大家还是需要见面开会。其实虚拟的真实就像一个几何概念一样让人匪夷所思，"无限接近但并不相交"（此处不展开，后有文专述）。

近些年，虚拟现实（Virtual Reality，VR）技术和增强现实（Augmented Reality，AR）技术已经得到很大的完善，数字对现实世界的模拟能力已经非常强大。2001年出品的全数字电影《最终幻想》，在当时引起了极大的轰动。这是一个里程碑式的开创，激进的影评人和专栏作家甚至断言未来的电影可以不需要真人演出，完全凭借数字技术模拟人物和场景。事实上，在后来的几年中，全数字电影成功的例子不胜枚举，比如《玩具总动员》系列、《史莱克》系列、《冰河世纪》系列，还有靠数字技术完美呈现效果的《变形金刚》系列和《阿凡达》。可以说在技术的帮助下，我们的想象力明显受到了考验。如今，各大科技公司已围绕这一领域展开了激烈的角逐。他们开发出的虚拟现实的产品，正在逐步完善人们对于现实感官的种种体验。尽管至今市面上还没有一款值得夸耀的产品，尽管他们的领域也只局限于影视、游戏和家庭娱乐等有限的方面，但这已经是种可喜的进步。

这里我们不得不思考一个关键的问题：到底什么才是极致的虚拟现实？我想这一点沃卓斯基兄弟已经给了我们答案，他执导的《黑客帝国》系列电影描绘的就是极致的虚拟现实。人们可以通过一种方式接入网络，可以在网络中进行各种活动、实现各种体验。最重要的是，网络中发生的一切都会反映在本人身上，比如在线上中弹死亡，则线下的那个人也会死亡。而这就会出现另一个问题，如果网络中对现实的虚拟已经到了这样的程度，那么虚拟和现实还有什么边界？我们为什么不直接在现实世界中做那些事？沃卓斯基兄弟似乎早已严谨地想到了这个问题，模拟出来的真实其实不是真实，而是理想中的真实。虚拟世界总是跟现实世界隔着一点距离，尽管不远但足以把它们二者区分开来。

《黑客帝国》中的真实世界是一个被机器统治且被黑云覆盖的黑暗世界，真实世界中的人是被生产出来的，而网络中的世界明亮、安详，一切都保持着美好社会和平年景的样子，与其说是虚拟出了一个真实世界，不如说是怀着对美好世界的深深怀念，按照记忆把真实世界重建于网络之中。真实世界吃不到牛排喝不到红酒，而虚拟世界中可以；真实世界中只有黑暗和破破烂烂，而虚拟世界中繁荣华丽应有尽有。尽管所有的东西都是假的，尽管很多虚拟世界中的有识之士也明白这一点，但是谁在乎呢？

当前的网络世界之所以可以称为新世界，是因为现实世界的所有形象都无一例外地投射到了线上。事实上，没有谁刻意地去模仿现实世界的样子，他们只是按照各自在现实世界的行为方式在线上活动。在网络世界刚刚被建立起来的那几年，这里还是个江湖，或者说这里还没有至高的管制，人与人之间秉承的是关系而非规则。在短短的30年内，虚拟的网络世界走完了人类社会数千年的经验历程，从蛮荒到管制。这种管制并非像民主社会一样，公民自主选择一个政府以保护自己的权利。网络世界的管制仿佛殖民统治，管制机构或大的网络公司，在网络原住民开拓出来的土地上圈出自己的势力范围，并以各种优势作为壁垒建立自己的殖民地。这像极了人类社会秩序建立早期的形态，每个人、每个城邦、每个国家都时刻想着从别的地方掠夺，并努力防止这种掠夺发生在自己身上。所以强大的防火墙被建立起来，各自的商业壁垒被建立起来，尽管这其间有大量的正当理由（比如网络安全、用户体验、数据整合等），但这并不能掩饰其殖民圈地的"野心"。

综上所述，我们看到网络世界在文化构建、用户体验、媒介方式和社会性构建各个方面都模拟了真实世界的样子，大家都在根据各自的本能和喜好为虚拟的世界添砖加瓦。英雄式的人物出现，开创一个时代；广大的草根形成基础，所有人都在等待一个脉冲式前进的机会。因为大家都曾经历过那样的时刻，参与其中的人在兴奋不已地等待下一次，错过的人怀着同样的热情盲目期待机会的来临，但清醒的人则明白机会永远不会来临。这像极了现实世界，现实中的机会是创造而来并非等待出现。这就好比要推倒一面墙，等一场足以将其摧毁的大风大雨的概率是很小的，只有不停地钻洞，才能让坚固的墙脆弱腐朽，最后只需要轻推一下即会倾覆。科技的世界该用科技的突变来领导其进化，在没有新技术出现之前，竞争格局难以改变。这也像极了现实世界：如果没有电力革命，英帝国再怎么衰落也依然是日不落帝国。

第三章 ●

进退 ●

保留精神，摆脱肉体

　　精神和肉体的幻灭与升华，在很长一段时间内都是宗教范畴的问题。而如今，一群来自科学领域的人对这一古老的问题充满了好奇，科学和宗教在这一刻又走到了一起。

　　电影《超级骇客》和《超体》让我们看到了精神脱离肉体存在于其他介质中的可能。抛开这两部电影，对于身体的回望，我们不得不提到一个澳大利亚艺术家 Stelarc，他 13 年间进行了 27 次的"悬挂"表演（他的身体得扎进铁钩，铁钩与跟身体等重的石头相连，通过天花板的悬挂，让身体悬浮在半空中）。疼痛在这种表演中是难以忽视的存在，也正是 Stelarc 对疼痛的忽视才强烈地表现了对身体的不屑（疼痛是一种保护，其保护的对象正是身体）。Stelarc 的另一个作品"第三只手"也表达了这一点：对身体的不屑。他在自己右手上安了一只不锈钢和塑料做成的假手，通过自己腹部和大腿部肌肉产生的生物电进行控制，尽管只是一个艺术作品，但附着在 Stelarc 右臂上的假手用起来却有模有样。自 20 世纪 60 年代以来，Stelarc 创造了一个又一个以类似"技术嘲笑身体"为主题的艺术作品。Stelarc 为自己设计的广告词"人类的身体已经过期（The human body is obsolete）"，至今看来仍然充满了哲学的迷思。事实上，在这些艺术作品的创作过程中，技术也有着突破性的运用。要知道，把 Stelarc 的"第三只手"放回到 80 年代，那是非常潮的想法，更重要的是，他已经把想法变成了现实。正是由于这一点，卡内基梅隆大学授予他艺术与机器人学荣誉教授职位。

当技术得到极大的发展，人会现实地发现，除了身体之外，有更好的寄宿体存在，此时技术和身体的关系被前所未有地关注也就合情合理了。回溯到很多年以前，精神和肉体哪个更重要也早已被盖棺定论。哪怕在宗教界，肉体与精神对比也从来不是一个等量级。肉体的寄宿体地位在人类文明早期就已经被固定下来，这似乎也为今日重新讨论抛弃肉体这一话题埋下了千年伏笔。今天，文明似乎很激进地在讨论要不要保留肉体。但事实上，技术对肉体的协助和改造从来没有停止过，义肢对于残疾人的帮助有着非常久远的历史，整形是这几年女孩们喜欢的技术改造肉体的活动。这种希望通过技术改造身体官能的探索让高傲的人有了征服天空的梦想。尽管现在人类已经可以通过载具自由飞翔，但这并不是人类的初衷，模仿飞鸟的形态完成飞行是那时候人的梦想，现在我们已经可以借助于轻便的飞行背包进行单人飞行，这也是不得已的一种方案而已。技术对于身体的改造最成功的例子可能就属眼镜了，不管是远视还是近视，散光还是斜视，现在都可以利用眼镜这一外部设备完成矫正。眼镜满足了人们对于清楚视觉的需要，于是阅读也随着清楚视觉这一需求被普遍满足而极大地发展起来。要知道，如果人们还处在一生之中只有小部分时间可以看得清的状态下，他们是不会选择对视力有着高要求的活动的，如阅读。印刷术就是在这种背景下发展壮大起来的，今天的所有显像技术也是基于有了眼镜这样一个前提。

实质上，我们已经处在一个被技术裹挟前进的时代，我们想跑得更快，技术就让我们跑得更快（汽车、飞机、高铁）；然后我们想比更快再快，于是就进一步促进技术的发展。信息爆炸的时代，直接导致人们近距离观看（最主要获取信息的方式）的时间急剧增长，从而引发更普遍和严重的近视。眼镜和角膜激光手术技术可以抵消因为近视而导致的视力衰退，可以让人更放心地专注于以看的方式获取信息；然后信息继续爆炸，观看时间再次加长，直至逼近或者超越眼睛的使用极限。事实上，当前已经到达了眼睛的使用极限，沿着这一趋势发展下去，先是眼睛使用过载，再是精力过载，最后是大脑处理能力过载，肉体的设计在飞驰的技术社会面前屡现疲态。我们有多少想看的书还没看，有多少想听的音乐还没听；还有沉寂在硬盘里的电影，以及很多很多想学的东西。说到这些，我们往往会慨叹忙碌和时间的不够用，但事实上我们缺少的是一个能高效摄入信息的机体。尽管我们大脑的运算能力机器仍然无法企及，可没有高效的信息输入，运算设备只能是资源闲置。尤其像大脑这样的设备，闲置就等于退化。"人类的身体已经过期（The human body is obsolete）"这句 Stelarc 写给自己的广告词，让人有一种没落的感慨和无奈。

《超级骇客》和《超体》都源于人类根深蒂固的自负，一个自负于自身技术的发展，一个自负于对身体完美性的认同。但它们无一例外地走向了同一点：抛弃肉体，对于精神的自负让依附这一形式显得很软弱。这就像病毒，依附细胞，感染细胞，杀死细胞，进而杀死这个生物，然后病毒自己也死掉。"聪明"的病毒会进化，让这个过程别那么快，而是慢慢地感染，让宿主携带病毒生活一段时间，帮助病毒的传播。我们今天在谈论抛弃肉体，其实是在讨论如何看待精神寄宿的问题，当一个个可以承载人精神的寄宿体被人快速抛弃的时候，人本身就会消亡，不管今天我们要抛弃身体，还是明天要抛弃计算机，抑或是以后要抛弃任何看起来更好的寄宿体。

"盲目"之下的技术迷信

当自然科学还不发达的时候，人们不得不在科学与宗教之间做着艰难的选择——牛顿爵士发现了万有引力，其内容当然是我们今天熟知的那样。但是在 17 世纪的背景之下，民间流传的却是另一个版本：牛顿爵士可以与一股神力进行沟通，任何人都不能违背这股神力的意志，这股神力不允许任何一个人在不借助外力的情况下双脚离地。以上所说的这股神力即万有引力，这种说法风靡一时，"牛顿教"也几乎传播开来。当然，这里可能也与牛顿爵士跟教会和王室错综复杂的派别有些关系。但是抛开这些，我们能清晰地看出，在宗教坚固统治之下的世界，在面对如此无懈可击的科学证据时人们所表现出来的固执和保守。

互联网出现不过区区几十年，走进我们的生活也不过十几年，撬开我们的脑壳更是只有三四年。而如今看着所谓的互联网思维式的企业成长起来，人们再也不能轻视这个靠电力驱动的"玩意儿"。几乎在一夜之间，什么是互联网思维、互联网企业方法、互联网的做法纷纷如雪片落下，什么大风起兮"猪"飞扬、羊毛出在"猪"身上、连接分享、口碑传播等带着互联网思维的名词充斥在人们耳边。新事物出现之时，人们追求成功的渴望被重新包装出来的概念催化成勇敢的雄心，后来就是一大波互联网创业热潮。要知道上述很多概念并非因互联网而生，只是因互联网发展了，人们拿着既有的意识和经验总结所得。举个传统企业的例子，某电信设备制造企业（此处不点名）得知近期某电信运营商有一次招标，第一步，先动员200家壳公司向甲方买标书赶制出招标文件，即200家企业同时投标，在整个投标企业中抢走绝大多数席位，这在传统生意中叫"围标"，用鸡汤一点的语言就叫"上帝从不翻硬币"，用互联网概念的语言就叫"大数概率"。下一步，这家企业以极低的设备采购价格（甚至免费提供设备）参与竞标，并伴有民族企业、支持国货之类的宣传和公关。毫无疑问，以标价衡量这家企业一定能中标。中标后的企业在项目实施过程中，在安装调试、后期维护、系统升级等方面做好了充分准备，即等着合同一签，就把赔钱的设备款从服务费中赚回来，这在传统生意中叫"打埋伏"，用鸡汤一点的语言就叫"放长线钓大鱼"，用互联网概念的语言就叫"羊毛出在'猪'身上"。这有什么意义呢？在此大讲特讲的互联网思维竟仍然是传统的生意经。

毫无疑问，我们的思维无法逃脱既有的世界观和认识论，那些本来就存在于我们脑海中的意识和经验成为了理解新事物的最大障碍，这也就是为什么有那么多人将互联网解释成了传统生意经。这可能需要上升到哲学层面，尽管在很多人看来这并没什么用处。

150年前，宗教的思想统治能力还很强大。教会告诉人们，尽管我们对世界有所不知，但神是无所不知的，所以我们只要向神祈祷就可以弥补无知。所有看似不解的疑惑好像都有了解决方法，尽管有了解决方法不见得能解决问题，但是似乎已经足够了。我非常钦佩两位哲学家——康德和休谟，他们能在那样的背景下创见性地提出不可知论，他们的不可知论被恩格斯称为"羞羞答答的"唯物主义。不可知论者并不认为人是有能力的，而认为世界是复杂的，它本来就在那里，而人的能力又无法挣脱意识和经验，即便这些意识和经验是对的，人对于世界的了解也是很微小的。这听起来实在是太消极了，既然我们什么都不知道，那我们就可以什么都不做了，当然不是这样。出现这种想法其实也是源自长时间处于可知论影响之下的结果，我们长时间习惯于制订各种周密计划。

我有一个长辈，是军中的参谋人员，某一次与我谈到年轻人要有人生规划，并以他军队的经验现身说法计划有多么重要。他说，刚开始做作战参谋的时候，每人发一本叫参谋手册的东西，上面详细记录了军队在战时能动员的资源，包括这些资源的数据指标。比如某地到某地有几条铁路几条公路，火车一次能运送多少吨物资，某某部队到达战场的时间，预置在各地的装备有多少等，就依据这些做出作战计划，没有作战计划仗就没法打。我发问："你们能基本确切估计敌方的进攻实力吗？"他说："我们尽量根据情报估计。"我说："只此一项不确定，后面的损失计算和整个战争能力计算都会不准确，最后战争结果的推演也必将有极大误差，哪怕是最准确的参谋手册，在开战后也将变得不准确。因为我方无法准确判断敌方的各个意图，动员起来的资源是不是被打掉，什么时候被打掉也根本不会精确地知道。"尽管这位长辈以更专业的方式让我相信作战计划的重要性，但是他也不得不承认，随着战争的进行，作战计划的参考性是在迅速衰减的。

对于计划的崇拜，其实是基于事物可知这个前提的。但大部分情况下，这种知道只是我们自以为知道而已，带有太多的盲目性。那么我们接受了不可知论，又不要消极地什么都不做，应该怎么做就成了问题。毕竟每天清晨醒来看见的第一束光，总是刺得我们睁不开眼。

在现实世界里，不可知性的应用空间会受到我们固有意识的挤压。但是在互联网世界中，我们尽可以无限畅想，因为这本来就是个不可知的事物。它出现于一个一切都不可知的时代，核战争随时都可能爆发。互联网作为一个生存能力极强的通信网络，只等核战爆发，幸存下来的人们在某个地下掩体的计算机终端上输入一行信息：××calling，There is anyone survive ？（某某呼叫，有人活下来吗？）然后等着不知道是谁的人来回复这条消息，但是有没有人回复都不确定。为核战设计的通信网络，怎么才能知道这东西确实管用呢？那只能等核战爆发之后测试了，可是核战确实没有爆发，因此一切都不可知。

"迭代"，了解互联网的读者对这个词一定很熟悉。接地气的说法叫"小步快跑"，这是在不可知的情况下有所作为的唯一方法。我们都见过独自行走的盲人，他们行走也需要"看路"才不至于摔倒；他们拿着一根较长的细杆，行进时在身前不停且高频率地敲打着地面。通过这种敲打，他们能判断前面是否平坦，有没有坑洼或者台阶等障碍物。如果有，可以及早采取措施绕开，以避免绊倒或碰撞。

　　今天，我们在互联网完全不可知的世界里如何前行，其实就相当于没有视觉的盲人体验。首先要确定一个方向，这是战略问题，但并不是本文探讨的重点，不在此展开；其次需要一根长度合适的细杆，所谓长度合适，其实是要确定一个问题，即我们要探索多远之外的距离，太近了会没有足够的反应距离，当然也不是说越远越好。这里举一个我个人的例子，供大家借鉴。2008年的时候，我跟几个朋友共同建立过一个送餐网站"觅食巴士"，整体的业务模式和原理跟现在正红的"饿了么"基本相似。当时国内的送餐网站成规模的有两家，一个叫"便利中国"，一个叫"豆丁网"，当然今天已经全部关停，他们的方式是用户线上订餐，餐厅配送收款，系统记账，月底网站会派自己的业务员去各个合作餐厅收账，基本是每个订单收取1块钱的佣金。当时我们调研之后发现，餐厅基本都有合作意向，但是很多没有联网的计算机，这个门槛将很大一部分规模较小的餐厅拒之门外。我们希望开发一个低成本硬件，通过跟手机或者固定电话连接，以打印的方式向餐厅发送订单，这样就解决了餐厅进入门槛的问题。当时第三方支付业务还没有像今天这么方便，但是2008年正值各大银行发展信用卡业务的时机，我们设计了用户信用卡代扣的线上支付方式，这样就能省去业务员上门收账的尴尬，其余的运营和推广方式有按理出牌的，也有野路子的，但还是一般的生意经，且与今天的方式基本相同。不必多言，但最终由于资金不足，无法完成那款硬件的开发。这是一个很好的反面教材，我们把敲地的杆儿放得太长，若按今天的条件，只要做一款双版本的手机APP就可以完全解决订单传输和支付的问题。2007年第一代iPhone发布，2008年苹果发布了iPhone的应用开发包（SDK），事实上我们也注意到了这一点，但是无奈止步于移动互联网浪潮的前夕（事实上从2008年往后的3年，移动互联网才真正兴起，很显然我们坚持不了那么久）。最后，也是实施过程中最关键的问题，让细杆在扇形区域内高频敲打，"迭代"很大一部分内容就在于此，通过敲打迅速确定一个安全区域并马上跟进，然后以此为基点确定下一个距离之外的落脚点，通过这样一个个细微且稳健的方式获得前行的速度。我们在第一章中谈到将任务分解叠加的复杂系统管理方法，这就是此方法在现实中最好的应用。基本任务是让细杆在地上做一次敲打，叠加一级任务是让这一次敲打分散到有足够宽度的扇形区域，叠加二级任务是向前迈一步或者原地不动，叠加三级任务是迈步向前走了一段距离。

互联网，这一不可知的世界，既然我们确定了这一点，就应该有配得上它的世界观和认识论，积极合理的方法。我还是重申文章开头的观点，我们的思想已经被世界观框定，世界既然已是新的，人也该是新人，面对新佛念的却是旧经，佛爷如何高兴得起来。借用一句上得厅堂下得厨房的名言结束本段，与大家共勉——解放思想，实事求是。

 ## 互联网确认了基于统计原则的社会形成

20 世纪 70 年代最火的魔术师——尤里·盖勒（Uri Geller）在表演过一次不借助于任何外力就能把勺子变弯的魔术之后，就火得一发不可收拾。多年以后，沃卓斯基兄弟在《黑客帝国》中用更奇幻的电影语言重现了魔术的景象。中国的观众开始了解盖勒，大概是从他在江苏卫视 2012 年跨年晚会表演了勺子变弯的魔术开始。这个声称自己有超自然力的"意念大师"，在某次电视表演的时候，竟然可以使某些电视观众的手表停转。在那个没有电视直播的年代，盖勒通过电视传递意念的把戏确实唬住了很多人，包括 DARPA（美国国防高等研究计划署）都愿意拨一笔钱对盖勒进行研究。但让手表停转这个看似玄妙的超自然力，不仅盖勒可以施展，我们每个人都可以做到——如果观众众多，总会有那么一些忘记给手表上弦的人。

统计可以让一个凡人变成超人，只要运用得当，发家致富也极其容易。

某地有一位江湖郎中，在乡间有些名气，大家都传说他手里有一副想生男就生男、想生女就生女的祖传秘方，于是十里八乡的人都来此求药。此郎中在江湖混迹多年，场面上的事都通晓，看着来求医问药的人越来越多，便跟大家说"有效之后再付款，无效不要钱"。这下大家可都放心了，有此承诺便信心满满。于是郎中的生意越做越好，挣了很多钱。回过头来看，生孩子非男即女，如果求药的人够多，顾客满意率就是 50%，更何况那些吃完药所谓"没效果"的人也不会大肆声张（沉默的大多数原则），这自然变成了一门非常好的生意。

当你是一个村长，你可以与自己的村民经常面对面交流；当你变成了县长，你只有精力管辖手下的几个乡长，而与其他人的联系往往是通过电话、邮件和报表实现；当你掌管一个城市的时候，你能知道手下人都在做什么都变得不可能；想象一下，如果你掌握的是像中国这样的一个超大型国家呢，每个人大概就是你办公桌上报表中的一个数字了。其实在面对数据量庞大的以 PB 计的互联网的时候，我们就像是那个掌管着巨大国家的元首。这下大家似乎隐约感觉到"国家统计局"的作用了吧，它可以把海量数据整理成有用信息，最后为领导层做决策提供指导。

数据和信息二者有什么关系？简单地讲，数据是符号化的客观事物的表示方法；信息是有用的数据，可以知道我们的行为。比如地球是圆的，这是个常识，除非对于想环绕地球一周的人来说起不到任何实际作用，我们就可以将其划入数据的部分。再如北京现在室外温度 32℃，如果我不住在北京也无意去北京的话，对我来说这只是个数据；但如果我身处北京且恰恰要出门，这个就变成了信息，可以指导穿衣。数据是信息的载体，数据中包含着有用的信息，把信息从数据中提炼出来的过程叫数据挖掘。比如我们手里有某个地区过去 10 年详细的降水情况，而这像一个流水账一样的东西实则包含着很多有用的信息，我们可以对照往年的情况预测今年的降水状况，也可以对今年的降水情况与以往的进行对照，找出是否存在天气异常状况等。所有这些都是足不出户的案头工作，如果拥有海量的数据，就足以抛开数据所属的领域进行直接的观察，因为数据会说话。

最早用统计思想进行计算机智能实现的想法，出现在 IBM 的科学家（1988 年，IBM 的计算机科学家彼得布朗（Peter Brown））脑袋里。但在十几年之后，Google 将其发挥到极致，它依靠自身运行的庞大数据库，配合基于统计的相关性比对，完成了很多表面看起来具备非凡智能的计算机能力，比如翻译、人机语言对话。一些满足了图灵测试（Turing Test）（如果人在和机器交流的过程中，人无法分辨对方是人还是机器，那么就可以说机器具有了某种程度的智能）的计算机功能，从实质上看并非因为智能，而只是在背后大量数据匹配后获得的统计结果。

"你好吗？"当你问出这句话的时候，计算机并不清楚你说的到底是什么。但这并不妨碍它回答你"我很好，你呢？"因为计算机在海量的数据中发现，"你好吗？""我很好，你呢？"这两句话有着密切的联系，以至于这两句话不同时出现的概率可以忽略不计。Google 翻译当前可以认得全球 101 种语言，不是因为 Google 机器人是个语言天才，而是由于大量存储数据给机器留下的"统计印象"。这里的大量可能意味着采样足够全面，且数量非常大。这是什么概念呢？比如，我们到一个陌生的地方，抬头看到大街上走来一行人大概有几十人，且超过2/3的人穿着绿色衣服，我们完全不能得出结论说这里的人钟情于绿色衣着。同样的，如果我们今天输入机器一篇中英文文件，我们相信不管是中文还是英文，截取任何一部分，机器都可以精确地将其"翻译"出来。因为在文件输入的时候，这种对照关系是非常精确的。但如果用同样的字词重新造句，再让机器进行翻译，那十有八九它就糊涂了。因为机器根本没有语言能力，机器翻译的前提是它必须之前见过正确的翻译，并且只是通过匹配相关性和查找将其呈现在我们面前。

如果说统计作为原理可以让机器实现智能，为什么在互联网之前无法达到？因为存储，早期的存储能力无法满足海量数据存储的需要。还记得之前说到的网景浏览器吗？还有开创门户时代的 Yahoo，那时候的互联网数据是以 TB 计，几乎可以依靠人工完成整理，Yahoo 在刚起步的时候也是"半自动化"进行的。而如今数据以 PB 计，在未来几年将会出现以 EB 计的数据流，这才称得上是大量 [1TB（太字节）=1024GB，1PB（拍字节）=1024TB，1EB（艾字节）=1024PB]。在没有大量数据做支撑的前提下，计算机相关性匹配的误差大得要命，就像看到一群穿绿色的人就认为这里的人都喜欢绿色一样。

今天，万维网存储的海量数据和全球互通的互联网为机器学习提供了很好的基础。一切问题的解决开始绕过古老的命题过程：从为什么到是什么。也就是运用统计式的原则可以通过数据直达问题的结果，而不必再进行复杂的假设论证推理。

很久之前，人类探索未知的过程是从现象出发，把现象抽象成理论，再用抽象出的理论解释现象。计算机科学和互联网的发展让这个过程不必那么复杂，从现象到现象的统计归纳过程比接入理论更加简便也更加精确，因为理论可能有错误，但现象永远是真实的。

 ## 世界站在了规则的肩膀上

在写这篇文章的时候，苹果公司官方刚刚发布公告，已经不允许运行测试版 iOS 9 操作系统的设备在 App Store 中进行评论。因为按照苹果的习惯，只有在操作系统正式版发布的前一周左右，才允许开发者提交适配正式版操作系统的 APP。这就导致提前安装测试版操作系统的用户在 App Store 下载的 APP 是没有经过开发者做针对性适配的，这毫无疑问会导致用户在使用 APP 的时候出现这样或那样的问题，不满的用户完全有可能在申请完退款之后，到 App Store 给这个 APP 评个 1 星，而这一切的发生都是基于苹果官方政策的漏洞所致。围绕苹果这家企业形成了一个合作分工明确的"社会"，各个参与方需要一套合理的公平的规则，以保证这个社会还能存在；如若不然，这个社会只会留下几条供后人耻笑的理想，并迅速地瓦解掉。

在一个新的社会或者大型团体刚建立之时，往往会出现频繁建立规则和修改规则的情况。互联网从最初的通信网功能发展到深入生活生产方方面面的社会工具，每前进一步就更接近我们的核心利益（人的核心利益是生命和财产）。互联网在整个民用领域中变得越来越普遍，最初我们只是通过 E-mail 互相联络，到后来的 Web 浏览信息，再到网站出现的时候，互联网就已经涉及经济生活领域了。逐渐地商务合作也通过网络进行洽谈（早期阿里巴巴电子商务的概念），到现在的电子交易和支付，我清楚地看到互联网已经到达了个人财产安全领域，当前所有的银行交易支付系统都是在联网的状态下进行的。也就是说，已经并入国际互联网；还有证券期货交易系统，也在通过互联网进行；居民房屋登记的电子注册信息也通过互联网实现了交互，个人的财产已经统统被纳入了互联网的范畴之中。下一步如果医疗信息系统在个人端口实现广泛连接，那么个人的健康也将由网络来统筹。最近英国的两个研究员通过网络入侵了 Jeep 大切诺基的车载电子系统。如果犯罪分子也可以这么做，明显会威胁到乘驾人员的安全。我们看到人的生命和财产利益已经全部搬到了网上，而网上仍是一个规则不健全的世界，那么大规模制定规则就变成了急需着手的工作。

使用网络达 10 年以上的人都会有这样的记忆，在早期注册一个站点的账户，只需填写 E-mail 和简单的密码即可，E-mail 作为用户在互联网上的身份认证名就足够了；之后注册站点账户就需要我们填写用户名，因为机器记录一个 E-mail 并呈现在前台是不必要的，用一个更简短的用户名来代替 E-mail 更能节省资源；再往后注册时有了一个新东西叫验证码，验证码的作用是验证一下这是个活生生的人在注册，而不是一个程序在注册，因为写一个会填 E-mail 又会乱写一串密码的程序确实不是难事，但是那时候的程序还不认得图片（现在机器对图片的识别能力已经有了很大发展）；随着技术的发展，以上措施已无法堵截注册过程中钻漏洞的现象，这时候出现注册邮箱反向验证，以确保这个 E-mail 地址是真实有效的。今天的手机短信验证，其实也是同样的道理。在密码设置方面，我们也看到了类似规则的进步，比如刚开始随便输入一位数字或字母，哪怕是个空格都可以作为密码使用；但随着网络安全形势的加剧，机器要求每个人设置一个 6 位数的密码，因为按当时的计算能力，尝试完所有的 6 位密码需要消耗大量的计算资源和时间，银行的 6 位取款密码就是从那时延续下来的。尽管后来计算机的计算能力得到大幅提升，破解一个 6 位密码用不了 1 分钟，但银行通过其他的规则对不安全行为做了限制，比如错误密码输入三次就锁卡。如今我们要注册一个站点账户，密码设置的要求普遍是 8 ~ 16 位掺杂数字、字母、大小写、特殊符号的字串，这就是一种密码设置的规则。我们通过回忆，管中窥豹地看到了互联网在保护安全方面规则的进化，规则还需要建设，这就像现实世界中的法律，尽管总是迟滞于现象之后，然而规则一旦制定即会改变人的行为，以致在很长一段时间内保证不退回到之前的状态，即便出现短暂的对规则的挑战，也一定会回到正轨上来。当然这需要一个前提，即这个规则是正义的且符合普遍人的利益。注意，这里不是多数（超过半数）也不是绝对多数（超过总数的 2/3），而是具有普遍代表性的。比如美国建国之前的南部，陆续有黑人被卖来做奴隶，但白人数量仍高于黑人奴隶。这并不能说奴隶制是好的，尽管这代表了多数人的利益（白人占多），但缺乏正义这一点是如何表决都无法抹杀的，这样的制度也不能长久。

"只有有了规则，组织的决定才能够协调一致、前后统一，才不会随着领导人的反复无常而变动，也不会被某些人的强词夺理所操纵。对于一个严肃的组织来说，必须时刻维护自己的秩序、尊严和规范。"这是美国国父托马斯·杰斐逊在谈到规则时的一段话。说到规则，不管在现实生活中还是在虚拟世界中，其崇高性都是高于主义的，这话听着有点含糊，也可能有点武断。我们来举个例子，孙中山先生终身高举民主大旗，他的三民主义更是民主走向大众的口号纲领。中山先生 1917 年 2 月 21 日（民国六年）在上海撰文推荐一本书，并以此文为本书作序，他写到："此书为教吾国人行民权第一步之方法也。"这里提到的书就是现在通行出版的《罗伯特议事规则》，当时书名为

《民权初步》。中山先生的意思很明确，贯彻民主的第一步是履行规则，民主只是个主张和口号，这个主张可以被接受，也可以被摒弃，而一旦被接受，支撑这个主张贯彻下去且不被破坏的就是规则。读书的时候，一个来访学的美国教授说到民主的时候谈到了规则的重要性，他说在美国，民主的保障不仅有我们通常认为的宪法、民主思想、三权分立等，还有一个很重要的东西就是议事规则，即大家在一个基于公平民主前提的议事规则中充分地表达意见、充分地博弈，最后得出结果。像台湾议会那样的吵作一团看似更民主更自由吗？并不见得。规则的制定需要大量充分成熟的考虑，一旦确定下来，就要严格执行。规则是要被执行的，这是常识；但思维极端辩证的人会时不时地有一些想法，挑战常识。

阿里巴巴集团总裁马云，从刚创业开始就在各种场合宣扬"公平，诚信"的企业价值观，也因为这些带有普世性价值观的广泛传播，阿里巴巴公司得到了很好的社会声誉。我相信马云先生的每次价值观演讲都是发自内心的，他也确实愿意以此为目标建立一家伟大的公司。跟阿里巴巴公司价值观一样被广泛传播的，还有淘宝商家自刷订单、刷信用、淘宝上假货横行、淘宝小二出现贪腐现象……这些事件与阿里巴巴价值观背道而驰。多年之后，马云先生在公开讲话中首次谈到了"政策"，这可以归入本文所说的规则范畴。他说：阿里巴巴的政策都是由平均年龄只有二十多岁的年轻人制定的，这些政策维持着每年多少多少交易额的淘宝市场……

事实上，规则不完善，人性就要受到考验，而人性在利益面前是经不住考验的，更何况是在淘宝那么巨大的利益面前。马云先生的话可能是在为自己的团队找台阶，也可能不是，我们主要看到的是，他作为如此庞大且成功的商业公司的领导，不得不承认自己在规则建设上的短板。2015年阿里巴巴在美国上市，淘宝售假的情况几乎要面临美国消费者的集体诉讼。要知道，这样的诉讼胜诉的概率很高，败诉的阿里巴巴不敢想象其巨大的损失。在法律健全的资本主义美国，它的规则要求这个国家决不允许出现任何倒退，售假就是诚信上的倒退，更是商业秩序上的倒退。

规则是死板的，并不包含太多的智慧元素。我们的世界每天都在变化，不管是全人类还是个人，时刻都会面临大量的选择，因而需要眼光、需要远瞻、需要智慧。而这一切都与规则无关，死板的规则只有一个任务，就是保证每个选择不是儿戏。

从PC到移动的数字鸿沟

　　从互联网的出现和普及到现在移动互联网的兴起，伴随的是终端计算设备的巨大改变。从早期的大型计算机到台式计算机，从台式计算机到商业笔记本，再从商业笔记本到智能手机和诸多随身智能设备，终端计算设备的小型化、便携化趋势已经将我们带入"后互联网时代"。移动互联网只是我们认为的后互联网时代的开端，之后的发展还有待观察，但可以肯定的是，当今的互联网已经完全脱离开了以往的发展框架，并朝着未知遥远的方向前进。

　　我一直有个理论：基础设施动力论，即基础设施的改变催生新的需求和业态。后互联网时代的出现完全是移动终端计算设备的普及和移动网络通信设施的普及带动的。从互联网时代到后互联网时代，我们看不到一条完全明晰的界限，也不清楚互联网时代的终端计算设备和后互联网时代的终端计算设备之间的关系（是替代关系还是融合关系），且至今仍没有搞清楚，因为它们之间本身就有着复杂的关联。

　　在互联网时代，PC（个人计算机）是接触互联网的唯一渠道。在万维网出现之后，浏览器是人们阅读巨大的网络数据库的有效工具。这个习惯延续到了今天，在浏览器盛行的年代，万维网数据量急剧扩大，我们看到了从浏览器到搜索引擎的互联网触媒方式的改变。互联网成为信息世界的主角，一切设施围绕互联网开始建设，通信运营商提供更宽的网络带宽，网络设备供应商提供更快的接入设备，PC为优化上网体验不断修正自己的UI（人机界面），软件服务商加入了更多的联网应用等，从而建立起巨型的互联网使用环境。在之后的发展中，这个使用环境作为基础不断地新陈代谢，向着更高技术标准进行演变，但实质的结构并没有太多变化。后互联网时代不是创世纪，而是朝代兴替。

　　从技术角度来说，"编码即规则"的观念深入每一个技术文化研究者的心中。大家都相信，人们的使用习惯是不可能跳脱出最初的编码设计规则的，使用的自由是被束缚的，是局限在设计框架之中的。比如我们在使用PC的过程中就可以进行很多开放式的工作，可以进行计算机语言编程、可以写代码，这些创作不是内容层面的，而是基本建设层面的。使用 PC 的人有进行这类工作的可能性，完全是因为 Windows 操作系统开放了 admin 权限。同样的，在没有开放 admin 权限的 OSX 操作系统中，人们要方便行使自己的管理员权限进行复杂操作，就会麻烦得多。

智能手机和平板计算机是基于移动操作系统的终端设备，它们应用层的逻辑跟 PC 完全不一样。APP 是移动设备上完成特定功能需求的程序，是 Application 的缩写。APP 尽管是附着在 OS 应用层上的程序，但完全不同于 PC OS 之下的软件，尽管 MAC 也把自己的软件称作 Application。APP 是孤立的、功能局限的，在移动设备上"多任务"成为卖点。但在很久远的 PC 时代，多任务都不是一个很值得说的亮点。也就是这样的原因，我们本能地会认为智能手机、平板电脑的生产力水平低于 PC。尽管从理论上来看是这样的，但从数量上来衡量却并非如此，这一点我们在本文的下半部分会讲到。

沿着刚刚我们话题开始的路线，不管是互联网时代还是后互联网时代，我们都有一个明确的触媒方式。在信息不发达的时代，我们习惯讲触媒、讲接触；但在信息极度爆炸的这几年，信息不再需要接触，取而代之的是信息的分发。这当然是因为信息量的急剧扩大导致的主宾反置，但从终端设备的变迁来看，所有这些所谓"渠道"的变化，都是技术进步前提下信息渠道的重建。

在互联网发展的整个过程中，通过改变信息和传播过程的成本结构、消灭原有权利人、塑造新的权利人、改变传播活动的任务难度、重建传播格局等方式，互联网完成了对信息组织和传播活动的重新配置。通过这种重新配置，社会结构和社会习惯也被潜移默化地改变了。云技术的应用可以让任何一个网络终端设备持有人分享数以万计服务器的计算能力；社交网络可以让人们加强彼此之间的联系，更让陌生人之间的社交变得有章可循；以往的媒体掌握着足够的发言权，而现在任何一个有网络使用能力的人的发言并不一定有很大能量，但都在一定程度上稀释了原来集中存在的发言权。互联网技术的发展塑造了这些今天我们习以为常的结果和社会选择，但从历史上看今天的局面是多么的新潮。

在早期，信息和数据作为一个保持自然增长的存在被人们使用和检索。但这种局面在互联网服务提供商、硬件生产商、搜索引擎和社交网络的搭配出现后，发生了悄然的变化：信息和数据可以自动产生、自发增长。尤其是移动设备的出现，只要移动、只要使用就会产生数据。技术决定论的理论边界被一次又一次地冲破，以往技术决定论者看来的恒定值在今天变成了最大的变量，以往被束缚在编码的框架之中的数据、用户、使用习惯在最近几年也一次一次地变成改变编码的直接动力。这些复杂交织在一起的因素共同组成了今后互联网时代的版图。从技术角度来看，技术不仅仅适应了使用的需要，也改变了使用的习惯；从使用角度来看，使用不仅仅配合技术而存在，也决定技术演进的方向。所以，这是一个复杂的互动体系。

用户行为作为左右互联网发展方向的第二翼，在互联网基础设施建设完成后变得越来越重要。从早期仅仅使用互联网查找信息的应用，扩展到后来的 4 类移动应用（浏览网页、查阅电子邮箱、更新社交网站；查找地理位置），到我们现在脑洞大开地希望把所有需要都搬到线上来实现。

新生代的互联网使用者认为，互联网就是应用，没有明确需要，就不会产生上网的动机。这与以往的互联网用户的使用动机完全不同。在以往，登录或者接入互联网，本身就是一种动机，从而产生了能联网和不能联网的信仰式区分。而新生代的互联网使用者，被教育要在应用的驱使下，不断地打开智能手机、平板电脑上的 APP，而实际上，用户有任何紧急需求都需要在移动设备上完成吗？一定有，但为数很少。大部分 APP 都在做一个事情，那就是抢夺用户的零散时间，只是它们的名义各不相同，有的是以社交的名义，有的是以生活服务的名义，有的是以游戏的名义，有的是以资讯获取的名义等。用户的使用需求和习惯被逐渐地给予了清晰的定义，以至于到现在，用户已经分不清楚自己的需要是主动的还是"被迫"的。

一般情况下，我们会下意识地认为，新生代互联网用户只是在消费既有的内容，移动设备也不被大家认可为是合格的"生产力工具"（来自乔布斯对计算设备的定义），可事实并非如此。以智能手机和平板电脑为代表的移动互联网计算设备的普及，将信息的产生速率提升了将近一倍，新生代互联网用户在上传照片、视频的数量上，发表评论的频次上，文本内容的创作上，都是传统互联网用户的 1 ～ 2 倍。当前普及的移动设备，更适合用户上传视频、音乐和图片；同样的，也让下载视频、音乐和图片更加方便。因为移动设备的可携带性和移动性，用户使用互联网的场景得到了扩展。在 PC 时代，笔记本电脑让互联网的使用场景发生了纵向的扩展，从原有的家庭、办公室等相对固定的场景延续到咖啡厅、车站、图书馆乃至户外；而移动设备的普及，让已经扩展的场景发生了双向的扩大，比如家庭，原来局限在书桌旁的使用场景，现在已经可以自如地扩展到客厅沙发、厨房、浴室、床上，而且使用时间也从结构化变得更碎片。那是不是移动设备的普及替代了原有的互联网设备呢？似乎并没有出现这样的情况，网络终端设备的市场似乎惊人得大（尽管事实并不是这样）。从 2014 年开始，被苹果自诩为生产力工具的 MAC 系列大卖。跟随移动设备的狂澜一起增长，移动设备并没有成为个人计算机的替代品。

不仅如此，移动设备的技术还为 PC 发展提供了良好补充，使互联网在更丰富的条件下被展示出来。同样的内容被 PC 展示，被智能手机和平板电脑展示，被智能手表和智能眼镜展示，多平台的概念就在这种设备多样化的情况下被广泛传播开来。于是为了能得到多平台的展示体验，人们纷纷慷慨解囊，购买不断出新的移动设备。至此，新生代互联网用户的特征出现了：①拥有智能手机、平板电脑等移动设备，同时拥有数台包括 PC 在内的网络终端设备；②经常使用智能手机的网络功能。

经过对比 PC 和移动设备带来的互联网变革，我们看到了互联网的活力，它从来没有停滞，一直在发展，一直在更新。在数据存储方式、信息获取、交流方式等方面，互联网给了我们全新的选择。在技术不断创新的过程中，现在的流行趋势马上会变成陈旧的模式，于是我们总是在往前看，期待下一秒互联网还能给我们带来什么不同。这是前所未有的考验人类适应能力的时刻，因为发展的速度早已超越我们认知的速度。

大脑和机器的对接

现在，计算机已经可以帮助我们做很多事情。它有很强的计算能力、存储能力，但这些能力还没能顺畅地为我们所用，即人类还不能直接在神经层面对计算机下达指令。如果突破这一点，往后的局面将是充满想象力的。

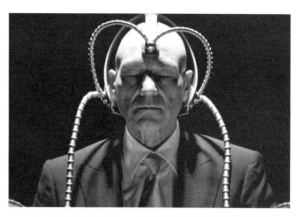

▲ 电影《X 战警》中查尔斯教授连接主脑剧照

当前，大脑和机器对接的应用层面，医疗将是最先看到产业曙光的部分。在《美国队长 3》中，斯塔克给神经受损下身瘫痪的罗迪准备了可以靠神经控制的机械假肢。科学家也正在逐渐摸索人类神经系统对接外界设备的可能性。DARPA（美国国防高等研究计划署）每年动用 2400 多万美元的研究经费，用以研究人脑和计算机的直连。在这方面处于领先地位的 MIT（麻省理工学院）正在研究修复视力的人工眼球项目：在捕捉图像方面，外部设备已经可以对图像进行很细致的捕捉。但如何将图像信号化之后与神经系统对接并传输到大脑中，这其中包含着很复杂的计算机和生物神经编码上的难题。他们也得到了神经外科专家的帮助，是大脑让我们看见世界，而不是眼睛。最新的研究成果已经可以让失去视力的人看到模糊的黑白图像，这项技术的成熟对于盲人康复的帮助将是巨大的。

美国杜克大学米格尔·尼克莱斯教授和他的研究团队正在进行一项研究，他们将信号传感器植入猴子脑部，让猴子仅仅通过脑部活动就可以控制一台机器人。由此可以看出，尽管这项研究的概念已经成熟，但还处在动物实验阶段。这项研究的意义非常重大，在医学上可以给瘫痪患者提供类似的系统，从而帮助他们有能力进行必要的活动以及有限度的生活自理。

神经移植物和生物神经元连接的主要障碍是神经胶质细胞，神经胶质细胞通过包裹入侵物来保护大脑。这类似免疫细胞对致病菌和病毒的包裹，机体发现有非自身组织的物质入侵时，会自动启动排异保护。当前研究人员正在研究某种特殊生物制品涂料，以防止触发物体的排异反应。在很多年前，我们已经掌握如何用外科手术来安装神经移植物的技术，但是如何完全保证神经移植物跟机体的整合还是一个有待研究的问题。人工耳蜗移植技术现在已相对成熟，由麻省理工学院（MIT）、哈佛医学院、马萨诸塞州立（Massachusetts）医院联合进行的人工耳蜗的研究让我们今天的受移植者可以摆脱复杂的外部设备，进而使移植效果更加美观和实用。在人工耳蜗移植手术中我们看到，听觉神经是通过自重组来翻译来自人工耳蜗的多通道听觉信号，外部设备依然是通过电脉冲刺激听觉神经的形式让受移植者产生听觉，即真正的连接还未产生。

人脑和计算机的连接还可促进人类智力的极大提升，我们曾经多么羡慕计算机的存储检索、快速分享信息和计算能力。如果进行连接，人类可以直接调用计算机这部分强大的能力，到时候就会出现"超级智力"。智力的提高将加速科技的发展，我们也将有能力在更短时间内实现过去所有对未来的想象，并且在关键技术领域得到重大突破。而这一切，都是从完成人脑和计算机直连开始。我们特别期待纳米机器人技术的成熟，从而可以通过血液循环系统向人体发送数十亿纳米机器人，这些携带高分辨率摄像机的纳米机器人可以无创地扫描观察正在工作中的大脑。我们有理由相信，通过这样细致的工作，我们将有能力对大脑进行完整的扫描，并完成建模。积累下来的人脑数据和那时人工智能的成果，将实现研究上的结合，并就智能信息处理形式进行互补。人脑和计算机的结合会让我们有能力在计算平台上运行这一陡然强大的混合系统，很显然，这一混合系统完全超过任何单一的人脑或计算机的相对固定的架构能力。

我们结合计算机技术对大脑进行的深入研究，在帮助我们提升人类所掌握的计算能力的同时，还可以帮助我们打开一个庞大的仅存在于人脑中的数据库。这意味着我们不再将大脑看成是一个神圣的存在，而是将其看作是具有强大能力的生物计算机。当然，这在伦理上仍然需要得到大家更一致的认可。基于这样的或类似这样的认识，我们可以激活大脑中强大的计算能力和存储能力。事实上，大脑的开发潜力是巨大的，只是我们并不能很好地将其激活而已。我们可以采取一些方法完成对大脑的整体扫描，不仅仅是刚刚提到的通过纳米机器人进行，还可以有其他的诸如计算机动态断层扫描等技术的实现方案等。我们将扫描所有神经元细胞的细节，并把这些细节通过计算机建模的形式组成大脑计算基板。在这个扫描和模型构建的过程中，一个人完整的经验、机能、性格和记忆将被整个地拷贝下来。拥有这项技术的人类就像是 X 战警中的查尔斯教授，可以随意进出每个人的大脑。那基于这样的担忧，大脑的生物加密技术也将同步进行，以防止大脑扫描技术先成熟后大规模人脑信息的泄露和对人脑的入侵。

这里我们有必要提出一点，人的经验、机能、性格和记忆并不是完全存在于大脑之中，所有这些应该说都受身体的神经系统和内分泌系统的共同支配。由于这些研究设想仅仅处在初级阶段，而且某些设想也仍处在概念阶段，所以我们可以先将目光集中于大脑，因为大脑存储了主要的信息。内分泌系统对人的影响是宏观的，也就是说它通过激素水平来调节人体功能，而不是通过激素分子进行。与神经系统相比，内分泌系统的信息带宽相对要低得多。

说到这里，我们可能会一头雾水地面对很多技术细节。当然这并不是我们可以解决的，而需要科学家共同努力。在做更细致的工作之前，需要我们进行的可能是涉及伦理的讨论。我们知道，肢体和器官移植已经有很多年的历史，一个安装了义肢的伤残病人，我们认为他还是原来的那个人；一个移植了他人器官的病人，我们认为他从手术中苏醒之后也未曾改变。但一个移植了头部的人呢，他还是原来的人吗？还有，一个躯体不变而被移植了大脑内容的人呢，他是否还是原来的他？这些技术给我们带来的困扰，在某些关键时刻会左右我们文明的进退。

第四章 ●

接入 ●

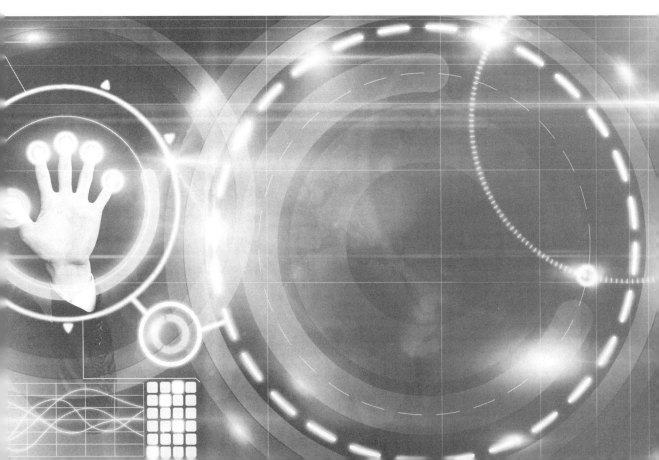

快速发展的注意力经济

在信息不足的年代，我们想方设法寻找零星的信息；而在庞大的信息面前，我们要找到的是有用的信息。但是，当有用的信息也不再稀缺的时候呢？我们知道，所有的经济行为都是在解决短缺问题，比如空气是富足的，没有人会做空气的生意，但在有普遍空气污染的环境下，纯净的空气就是稀缺资源，也就可以被交易。我们现在虽无法准确统计当前互联的网页数量，但绝对在百亿规模。如果我们粗略地将这些网页作为当前信息总量的话，一个人以几秒一页的速度浏览这些网页也将需要数百年，这是远远超过正常寿命的。信息曾经一度是稀缺资源（尽管现在也是），从互联网出现到信息爆炸（尽管大量是垃圾信息），让人们在观念上接受了信息富足。在从前信息匮乏的时代，信息被生产出来，可以自动生成价值；而现在，如果不给信息提供一个"平台"，它沉没的速度将超过以往任何时期。信息需要被人看到，成为每一个信息生产者的强烈愿望。

时至今日，大部分互联网公司都变成了所谓的"广告公司"，像 Google 和 Facebook 这样的网络公司每年广告收入达到数百亿美元。而事实上，在今天的互联网环境下，广告和资讯被混淆在了一起。以 Facebook 为例，它的 News Feed 和 Timeline 业务每天产生

2000 万美元的利润。这个收入大部分来自于广告，但我们可以从它的产品命名上发现，这并不是一个广告产品，至少在字面上不是，News Feed 而非 AD Feed。用户的 Timeline 里插入什么样的资讯或者什么样的广告，都由系统根据既有的算法和部分人工审核决定，尽管这些广告和资讯都有明显的区别标识（并不像国内互联网企业那样进行模糊化处理），但这已经可以将我们引入另一个稀缺时代——注意力稀缺。

当今较成功的互联网企业都在全力维护自己作为平台的优势，这种平台通过内容分发吸引多方参与，但无论参与方有多少，其中发生直接关系的都只有两方。我们还是以 Facebook 为例，用户作为 Facebook 平台的一方是被重视的，他们可以在这里通信、社交、阅读资讯、玩游戏等，还可以在平台上得到一些免费或者廉价的又具有吸引力的东西；机构、企业作为一方也是被需要的，因为机构有其本身的利益，企业也要为自身盈利寻找渠道，而 Facebook 庞大的用户群就成为机构和企业看中的拓展对象，作为第一方的 Facebook 开始向有利益驱动的机构和企业兜售注意力，也就是所谓的广告。我们看到除了平台方的另外两方，尽管身处同一平台，但彼此似乎是隔绝的，这就是平台的一个重要特征：两个群体相互独立，彼此之间又有强烈的互动意愿。国内的婚恋网站也是这种平台模式，但到纳斯达克上市后并不被外国人所理解。从本质上讲，如果存在一个平台，平台上的两个群体又互相独立且互相吸引，而且这个平台又能控制双方的接触频度和水平，那就可以进行注意力兜售。既然我们清晰地看到平台方需要双方的互相吸引才能做大，那我们势必会面临一个"先有鸡还是先有蛋"的困难抉择。下面，我们来详细讲解一下平台进行注意力兜售的一些原则。

既然平台做的是注意力的生意，那么注意力必然有生产者和消费者，我们把注意力的生产者称为"用户"，把注意力的消费者称为"广告主"，而平台作为分销商叫作"平台"。我们把平台分发的以吸引用户的信息称为价值信息，把平台分发的广告称为垃圾信息。用户、广告主、平台三方因为价值信息和垃圾信息之间究竟产生了怎样的互动，其实蛮有意思。

以一本月刊杂志为例，我们假定杂志社可以质量稳定地制作杂志内容且成本固定，那么杂志的边际成本的最大构成将来自于印刷和发行，杂志通过单本销售和广告形成自身的营业额。假设这本杂志当前售价 10 元，发行量 10 万本，摊到每本杂志上的成本为 5

元，每本杂志 10 个广告页面，每页广告平均售价 1 万元，那么杂志社出一本杂志的月营业额就是 10×10 万元 $+10\times1$ 万元 -5×10 万元 $=60$（万元）；下月杂志的售价调整，他们的策略是降低单本售价，比如杂志单本售价下降到 8 元，预计发行量 15 万本，摊到每本杂志上的成本仍为 5 元，每本杂志还是 10 个广告页面，读者增加了 50%（10 万～ 15 万），则单页广告的被阅读数也理应增长至少 50%（新读者对广告更关注），那么单页广告售价至少不低于 1.5 万元，本杂志月营业额就是 8×20 万元 $+10\times1.5$ 万元 -5×15 万元 $=100$（万元）。在单本杂志售价降低之后，杂志社从单个读者处获取的利润减少，从广告主处得到的利润增加，尽管增加总量不大，但增加比例是惊人的。杂志社将每本杂志折扣下来的 2 元作为补贴，资助读者购买杂志，进而增加了读者的数量；增加的读者为杂志生产了更多的注意力，这些增加的注意力被卖给广告主，为杂志创造了更多的利润。这里的读者就是用户，杂志就是平台，广告主还是广告主。

对平面媒体或者电视媒体来说，发行也构成了媒体的巨大成本，甚至是最大的成本。现在以互联网为媒介的媒体的发行成本几近为零，这就为注意力经济提供了更多的可创新操作空间。

广告主关心自己的广告通过平台的分发吸引了多少用户的注意，用户数量增长的时候，平台对广告主来说就更有价值；用户关心能从平台获得多少价值信息，但这并不意味着全是广告的垃圾信息是没有价值的，用户对平台绑定广告的范围很敏感。比如，如果一个以资讯为主打的平台每天只向用户分发资讯，那对客户而言，这个平台就有价值，但只分发资讯对平台来说就很困难，因为很难通过销售弥补运营费用。但如果这个平台走向另一个极端，不再向用户分发资讯，而是只向用户分发广告，也就是上面所说的垃圾信息，那么平台会遭到用户的抵制，从而不再被使用。平台需要找到一个平衡点，一方面以资讯继续吸引用户入驻且经常使用，另一方面以常驻用户为平台生产注意力并将其兜售给广告主。

在互联网环境下，我们并没有太多义务聚集在一个平台上。以上说的平台只能通过价值信息无限吸引用户，但做不到任何意义上的管控。即便是这样，我们只要还在使用互联网，就会有信息来消耗我们有限的注意力。比如，我们每天打开邮箱都能看到塞满邮箱的垃圾邮件，它们的标题还蛮有吸引力。于是我们总会有点好奇地打开一观究竟，邮箱中有一长串的垃圾信息，不经意地逐一打开，一两个小时很容易就过去了，导致我们的注意力被垃圾信息消耗殆尽。等到下班的时候，我们还没有翻到那封急待我们回复的重要邮件，相信这种挤出效应每天都发生在我们每一个人身上。我们很难从垃圾信息的汪洋大海里找到价值信息，这是注意力经济的另一个模型。

以价值信息和垃圾信息为两端类型的信息类别，不管哪一类出现稀缺，都会造成用户所创造出来的注意力被无端消耗，有浪费就意味着会造成稀缺。注意力稀缺成为当今互联网赢利模式的主要原理，尽管以 Google、Facebook 为代表的网络公司为其广告业务开发了复杂的算法，让用户能简单地获取精准的信息，让广告主的广告能准确地到达那些需要他们产品的用户那里，用户注意力再也不像从前那样粗放地被消费，每一分每一寸都要创造价值。这种局面也让很多网络公司的雇员感到沮丧——难道我们从事计算机科学研究，就是为了更好地卖广告吗？事实上，注意力和分配注意力在互联网经济中位于食物链的顶端，而价值信息和垃圾信息的生产者、广告主、用户都处在食物链的下游。尽管最近几年平台大肆鼓吹"内容为王"，但食物链的结构不会变。

在互联网环境下，媒体依托网络进行信息分发，表面上看似丰盈，实则是以丰盈之名创造匮乏。信息越来越趋向于集中，人们习惯于大规模地关注同一件事情。互联网技术的创新又从底层加固了网络广告扩大发展的基础，信息的不公正再也不仅仅存在于信息的接收者，信息的生产者也成为这个体系的压迫对象。机构和企业在以往还是有议价能力的广告主，现在也被无情地碾压，甚至比以往任何时候都关心自己的媒体处境——不是花力气吸引注意力，就是花力气分散注意力，不管是吸引还是分散，都要投入大量资源；这些资源本来可以被投入到研发和生产中，现在却被用于注意力消费。

"如果你每天使用互联网，也觉得时间不够用，那说明你的注意力被消费了"。——作者

 ## 从独享到分享

我们划分独享和分享的界限，是从富足性这一点出发的。在贫乏的状态下，人们习

惯于独享；而在富足的状态下，分享才会发生。独享和分享发生在每一种社会资源的分配过程中，在物质资源方面表现出来的是独享和分享的长期共存。比如在中东地区，淡水是最为稀缺的资源，每个国家都会修建各种设施将其保护起来；而在淡水资源丰富的地区，就不会出现这样的状况。水的分享和独享共存的最经典的例子出现在世界第一大河尼罗河。尼罗河发源自雨水丰富的东非高原，那里丰富的雨水孕育了繁茂的热带雨林，尼罗河流经干旱的埃及注入地中海，在尼罗河上修建的水利工程多集中在下游段的苏丹和埃及，埃及境内有著名的阿斯旺水坝（直到中国的三峡建成之前，阿斯旺水坝一直是世界最大水利工程），以及苏丹的杰贝勒奥利亚水坝，当然还有大大小小的水闸引水渠等。这样密集地修建水利工程其实体现的是一种资源稀缺时的独享，水流丰沛的尼罗河上游国家多年以来在水资源上的态度从来都是分享。

我们刚刚提到，从独享到分享需要走过一条从贫乏到富足的道路。在这一点上，自由信息做到了。自互联网出现之后，"复制"极大地加速了信息的生产，在人们参与热情的驱动下，信息极大地丰富起来。在前文中，尽管缺少确切的数据，但我们还是以数学的方式大致推论了当前互联网信息的容量。如果几年之前说信息爆炸还有一些概念上的夸张，那么现在这完全是一种保守式的表达。我想大多数人都还有类似的记忆，在几年之前，我们习惯于从网上下载资料、电影和音乐，尽管这些内容可以在网上阅览，但我们还是喜欢存到本地的硬盘中。从个人心理角度考虑，保存是对稀缺资源的一种态度。而现在，我们就不会再这么做，这其中当然有基础设施建设所带来的便利，但更重要的是，信息的丰富程度已经让这种资源一步跨入了富足。

在信息富足的数字世界里，数字人外向型地把分享作为他们的行为方式。在网络环境下，人与人之间的分享体现出了一种合作的姿态，这可能会对原有社会的组织和商业产生不小的挑战。互联网是节点和节点之间的互联，人借助于终端接入网络，从而实现人与人的互联，这在以往的大众传播环境下是难以想象的进步。大众传播的方式是信息一对多的推送，推送的到达率也非常不稳定。最常见的大众传播就是高音广播，这种方式方向单一且效果很受环境影响。而互联网几乎解决了传统大众传播未能解决的问题，比如传播反馈、社群自组织等。互联网带来的信息富足让人们学会了新的行为方式——分享，分享和去中心化的文化伴随着互联网的流行而流行。在这种情景下，人被自发地组织起来，行为上从原来的个人行为转向趋集体行为，意识上从原来的个人思考转向集体思考。这种变化，其实带来的是社会创新形式的根本变革。在互联网时代之前，创新是一项专门的工作，是需要专职从事的。当然，非专职从事创新的人也可以参与，稍有成果的人即会被人刮目相看，比如我们常在新闻联播上看到有创新精神的全国劳动模范，通过技术改造给国家省了一大笔钱。这种公示性的礼遇恰恰说明了社会对普遍创新的期待之低。而互联网时代的创新则是普遍的，而且越来越普遍，任何一个人随时可以产生一个想法，然后通过互联网的知识检索弥补自己的知识不足，接着在一个中等规模的大卖场或者直接从互联网上买到相关的设备，最后在自己家储物室或者小庭院里实现自己的这个想法。在这场开放的全民创新中，最重要的就是分享，从知识分享到供给品的分享，如果没有场地还有空间可以分享，这种跨领域、跨学科、跨文化的合作创新是兼具趣味性和经济性的。近几年，在中国创新精神强劲的城市，比如北京、深圳，处处都在上演上述的创新游戏。事实上，仅仅通过分享精神和一点点热情已经可以迸发出巨大的能量，比如微软的 Windows 操作系统再也不能在自己的业界霸主地位上高枕无忧了。因为有一帮兴趣相投的程序员自发地组织起来研制了一个开源的操作系统 Linux，目前 Linux 已经是除了微软的 Windows 和苹果的 OSX 之外的第三大操作系统，而且用户量仍有稳健上升的趋势。

在经济方面，这种具有草根精神的经济组织形式正在颠覆具有森严等级的大型组织。Linux 的成功只是一个缩影，随着移动互联网的发展，更多的颠覆会延伸到实体经济领域。而造成这一切的原因就是互联网所促成的大众参与格局的形成，大众参与的组织形式较以往的组织更加灵活、适应力更强，或者说至少这种组织是将效率低下的等级制度决心抛弃的一种组织形态。以分享和合作为基础的组织不管从哪个方面看都更加生机勃勃，这不仅体现在效率和灵活度上，其创新力带来的增量也是非常惊人的。如今成熟互联网公司的内部创业，就是这种组织形式的极好体现，比如我们天天在使用的微信就是内部创业的结果。

伴随着等级的弱化，也就是我们常说的扁平化，以及点对点传播的普及，社会中原有的中心正在被取代，这些中心是以往社会运行的大型节点，而这些节点可能是银行、可能是超级市场、可能是学校，也可能是书店音像店等。互联网出现之后，人们似乎在庆幸以后做事情再也不用通过"中介"了。但事实并非如此，至今我们并没有发现任何迹象说明人类有能力摆脱中介。首批作者入驻亚马逊的时候，满心想的是以后再也不用跟出版商分享自己的出版收入了，其实亚马逊在抛出这个概念的时候，贝索斯早已做好了让亚马逊成为最大图书中介的准备；当阿里巴巴还没有现在这么成功的时候，马云说在网上做生意可以减少中间环节、减少成本，不用再为房东打工，而是真正为自己创业，可事实上，现在我们都能看到，马云所说的电子商务总量没减少什么中间环节，店主们也没省多少费用，阿里巴巴和淘宝大笔地收着类似房租的广告费，自身成为了超大的中介，而马云自己最早明确说过对中介的痛恨。但是好在自由开放是写进互联网基因里的价值观，互联网本质上对中心化是排斥的，所以我们看到在人的操作下，中心一次次地形成又一次次地瓦解，并被新的中心替代。这就像传统中国对历史的看法"凡天下大势，分久必合，合久必分"，中心短暂的立足必将被另一个中心所替代。

信息的生产者和消费者因为分享的存在而模糊了二者之间的界限，由此产生了很多看似"矛盾"的新称谓，比如生产型消费者和消费性生产者，产生生产和消费集于一身的情况，这实则是一种具有革命意义的现象。如果我们把线上的世界认定为一个社会的话，在这个社会里活动人兼具生产者和消费者的角色，那基本就实现了马克思在《德意志意识形态》中提出的非异化劳动的美好愿景，只不过马克思想象那将出现在共产主义社会里，而我们今天还只处在社会主义初级阶段，广大的世界诸国还在更低层次的资本主义阶段。马克思想象中的非异化劳动，简言之就是人们最终将摆脱奴隶化的劳动，兼具多种社会劳动技能，并按照自己的意愿去劳动。这也就意味着，那时候的人们可以上午做白领，中午做厨师，下午做老师，晚上当作家，这并不是平常忙碌的一天，这些劳动可以随个人意愿和心情，想做什么就做什么，当然也可以不做。我们认为马克思对"无异化劳动者"的想象是基于当时贵族和有钱人的生活节奏展开的，只是给这些"悠闲"的人赋予了更多劳动技能而已。可是今天，我们身边的很多人完全可以实现这样的生活。

互联网教会了大家分享，于是大家开始试着分享，信息富足时人们分享信息，生活资源富足时人们分享生活资源。随着移动互联网的发展，这种趋势已经形成。Uber 从拼车开始在全球掀起了一场被称为分享经济的狂潮，当然我们看到 Uber 首先出现在美国，这主要依赖于美国长期积累下来的搭车文化。20 世纪 60 年代美国青年搭车走遍全国，至今美国西部各州的公路上仍会有一条名叫 "car pool" 的车道，其功能类似我们国内的潮汐车道。这条车道只有那些载有乘客的乘用车可以走，也就是说车上除了驾驶员之外至少还得有一名乘客。这条车道通常车很少，因为美国人均汽车保有量大，大家都会驾车出行，所以有的驾驶员为了能上 car pool 会很乐意多载一位乘客。若汽车没有在 19 世纪早期被福特普及到美国家庭，这种汽车资源富足的局面就不会出现，当然也不会有美国的搭车文化，自然也不会有 Uber。

我们国内唯一能跟 Uber 竞争的滴滴出行，尽管瞄准的市场都是相同的，但是明显不属于一个品类。Uber 一上来就是从拼车入手，而滴滴出行经历了从出租车到专车，再到狙击式推出类 Uber 业务的快车，且一直到快车为止，滴滴才真正瞄准了 Uber 的蛋糕。可以想象，如果善于山寨的中国互联网企业上来就复制一个中国版 Uber，那可能就是被称为忽略国情的失败例子。时至今日，Uber 在中国的多数二三线城市仍未开展业务，因为汽车只有在一线和某些大型城市才是富足到可以被分享的资源。分享经济需要资源的富足，这是个大前提。Airbnb 是另一个分享经济的先锋公司，它企图利用家庭的客厅来颠覆传统的酒店生意。当然 Airbnb 做得不错，但并没有 Uber 成功。其实住和行作为人最基础的需要，其权重是不相上下的，但两家公司之间的估值差距仍然很大。衣食住行是人最基本的四大需求，这四项中只有行是可以服务标准化的，因为它只牵涉一个主要指标，就是安全地从 A 地到 B 地。但衣食住三项是极其个性化的需求，每个人有丰富的个性主张，而如果一一满足这些个性主张，将是违反边际效应的。所以，尽管 Uber 和 Airbnb 在商业模式上类似，也瞄准了人的基础需求市场，但从纯生意的角度来说，Uber 还是更胜一筹。

在一次 "21 世纪资本主义论" 的研讨会上，我无意谈到一个看法，我说，19 世纪早期的劳动力方式是令人怀念的，那时候的人没有今天所谓的 "正式工作"，他们只会在有 "活儿" 的时候才出门工作，平时并不用按时去上班。现在有几位学者从劳动保护的角度反驳了我的看法，当然我很认同这一点，因为我怀念的 19 世纪的劳动力方式应该是基于当前完善的劳动保护的前提，所以造成了误会。但作为一个参与社会生产的劳动力，没人不想回到 19 世纪，那样我们就不会被束缚在一个所谓的工作岗位上，个人选择将更加灵活，并且这是在让我们实现无异化劳动者的梦想。在物质资源不丰富的时候，我们基于对人性的不信任确立了今天习以为常的劳动关系，但这确实是阻止人们向更高理想迈进的束缚，也是不符合分享精神和物质丰富趋势的陈旧制度，我想应该适时打破了。

从分享到免费

"Information wants free（信息趋于免费）"这句话在今天看来似乎带有一种不可侵犯的权威性。尤其在比特科学领域，人们看待它就如同公理，不言自明。可凡事都有内在的逻辑，信息的免费向上回溯就是分享的兴盛，分享能成立来自于信息复制和生产的便捷，但这一切都会归结到一点：个人的参与。

互联网出现之后，个人满足和他人满足出现了交汇：一方面，个人根深蒂固的对表达的热情促使他们参与到信息生产和编辑整理中来；而另一方面，人对于信息和学习的渴望也需要一条可行稳定的实现路径。互联网让这两种需要同时得到满足，并且这两者之间的互动让信息生产和信息消费产生了良好的互相激励。比如早期的博客，博主花心思写一篇文章发表在自己的博客上，每日增加的阅读量和点评数量就是对他最好的鼓励，这极大地满足了他个人的表达意愿；而阅读过这篇博文的读者，可能从中获得了某些触动他的观点，因此也非常愿意在阅读之后向作者留言表达自己的感谢（或者不满）。这种直接有效的互动让所有人都愿意不求回报地奉献自己的精力和时间，当然这里所说的不求回报并非那么严格。求得关注和被人认可，这种心理上的安慰也可以称作是回报，但我们这里愿意沿用长期以来的社会共识：高尚的原因是高尚本身，而不向下去追问行为背后的详细动机。这就好比心理正常的人，会很少抨击向灾民捐款的行为是洗钱或者是作恶太多求心理安慰（除非有切实证据）。克莱·舍基在他的《认知盈余》中试图提出一种理论来解释个人分享多余时间和知识的行为，他称之为认知盈余。国内知识分享社区"知乎"的 CEO 周源在历次的演讲中，经常用认知盈余理论解释知乎成功的内驱力。但是我想克莱·舍基的认知盈余理论只是提出了前提，而真正的动力可能来自于人的心理驱动。当前知乎网内的一些问题解答恰恰反映了这一点，一个严肃问题后面可能会有很多调皮讨巧的答案，比如有人提问"现在有没有技术可以让人永远活着？"回答中就会出现"活在心里"这样的答案，这基本不能解答提问者的疑惑，回答者也缺乏基本的知识储备，但是他还是愿意回答，互联网的便捷性让他能直接参与到其中。但我们看到这位回答者在认知盈余的理论中是缺少前提的，他没有足够的认知，只是有时间。

在分享促使下的免费出现之后，我们看到一种非货币性的生产经济也随之出现了。这里的非货币性其实在最开始只凭借心理安慰和热情便可以支持，到今天为止，我们还在享受着互联网刚开始那几年的免费福利。随着互联网经济的形成，这种非货币性的经济形态逐渐发生了变化，客户仍然不需要货币支付，免费依然存在，但是免费的代价越来越沉重。首先接入网络是需要成本的，个人需要购买或租赁一台终端设备，而网络服务提供商则需要架设网络基础设施并为之提供电力。所以使用网上免费信息仍然需要一笔支出来实现，这是互联网普及之后的问题。之前网络的使用还局限在科研院校和政府单位，网络的使用费用是由工作单位转移支付的，所以对个人的免费是这样实现的。随着互联网的普及，人人都有接入网络的意愿，为了能延续之前互联网免费的传统，就需要一笔钱来贴补费用。一时间，聪明人都愿意跑去硅谷研究如何将互联网商品化，最后他们发现了在线广告。广告费补贴网络服务商为用户提供免费内容，用户付出时间来看广告以得到免费的网络内容，于是互联网又一次把两组不相干的人的利益统一了起来。可事实上，这并不是什么伟大的创举，在我们生活的现实世界中，公共图书馆和公共博物馆是免费向人们开放的，维持它们运行的费用由政府财政拨付，可是政府的财政收入来自纳税人缴纳的税收。也就是说，公共图书馆和公共博物馆的免费是种假象，我们其实已经付过钱了。我们一直说互联网的自由和开放是写进通信协议里的，但是为了维持这种自由和开放，我们走到了一个极端，那就是追求免费。可这种免费往往意味着昂贵，看看科技行业培育了多少市值超大的公司就知道了。

物品是否免费与它是不是商品无关，这也是能否正确理解互联网环境下商品化的一个重要议题。完成从物品到商品的转化过程并不是简简单单给物品定个价格，商品是进入了市场交换的物品。在这一点上马克思已经做了完整的解释：私人劳动在事实上证实为社会总劳动的一部分，只是由于交换使劳动产品和生产者之间发生了关系。在互联网环境下，免费的商业化模式其实是促使原来不可能商品化的东西——变成可交换的商品。我们在 Google 或者百度上搜索，在 Facebook、Instagram、Twitter、微博、LinkedIn 上张贴宣传自己，尽管我们没有付费，但其实是有人帮我们埋过单了。正常来说，免费的代价就是我们的个人资料、消费习惯、搜索记录等上网习惯被广告商共享。在文化产业的框架中，我们看到客户或者用户是商家们销售的主要产品，而那些被称为产品的东西往往是一些换取真正商品的服务。在这种非货币化的交易中，数据或者广告成为最后变现的那个环节。在传统的生意里，人际关系不容易商品化。而事实上，自 Facebook 出现的那一刻，人际关系的商品化就实现了，互相认识变成了可以流通的货币。在商务社交平台 LinkedIn 上，人际关系的产品化程度被量化和货币化了，一个在哪家公司供过职、做到哪个位置的人的简历值多少钱，都有了明确的标价。

在互联网上，大量的建设工作都是由之前提到的"生产型消费者"承担的，大量的数据信息被生产出来，极大地推动了信息搜索和数据整理分析工作的进程。基于这样的需求，像 Google、Facebook、百度、腾讯这样的公司可以迅速成长起来。为了可以更好地完成信息和数据工作，这些科技公司创造出多样变种的海量个人信息存储服务，也就是"产品"。这些产品可以帮助用户存储自己的资料，也可以帮助用户实现交流通信，用户基于一种从众盲目的信任，免费地向科技公司提供着自己的信息，全然不顾可能发生隐私和安全问题。科技公司对这些数量庞大的信息进行复杂的商业化开发，进而出售给需要的人，而这些人才是他们真正的客户。

我们可以大概总结，在互联网企业的运行中，如何更好地商品化成为它们的商业战略，一旦找到这样的战略途径，那必然可以大赚一笔。而在传统的生意中，这是一个不大需要考虑的问题。Google 的创业者天才式的创想发明了 AdWords 关键词竞价排名广告，把搜索结果商品化，Google 根据计算机算法对广告主的页面和客户进行匹配，通过用户点击次数向广告主收取广告费。广告主花钱买到了自己需要的客户资源，客户的年龄、性别、收入水平、兴趣爱好被一股脑地打包送到了广告主面前。看到这样的情景，谁不会心动呢？这样的商品化在传统品牌企业中是很难想象的，因为在传统品牌企业中，生产就是生产、消费就是消费，怎么可能让客户参与到生产中呢？更难以想象的是，客户不仅要参与其中，还要成为这家企业产品的原材料。当然，我们看到这种互联网式的商品化充满了效率的光辉，但是仍有许多人并不想把自己的信息变成科技公司可以出售的财产。

用户自主生成内容（UGC），不管这种行为是受到鼓励还是自发的，对用户自身都有强烈的两面性暗示：一方面，这种高参与度的用户创新形式有助于生成免费内容，充斥互联网信息量；另一方面，这也给运营商和科技公司捕捉用户特征提供了多样的途径。这种单边拉动的互联网发展动力，有点类似经济学上的费雪方程式（$MV=PT$），用户自发产生内容的行为就像方程式的左侧，是互联网的非商品化领域；而商业化则代表着方程式的右侧，是互联网的商品化领域。

事实上，互联网的商品化领域和非商品化领域的界限已经非常模糊，这二者之间往往关系紧张。有些人视开放网络是一种需要被捍卫的主义，而另一些人则将这种开放视作是对自身的隐私和安全的威胁。

曾经非市场化的、内容可自由传播和获取的互联网，今天被商品化的销售和广告占据了大量空间。有的网站必须付费才能查看，有的内容必须付费才能浏览，或者需要被迫看大量的广告。互联网作为公共领域的性质在悄然发生着改变，互联网体系为富人提供高速的服务，而穷人只能分享有限的公共接入服务。这种马太效应式的变革，随着数量有限的科技公司的崛起变得更加严重。在去中心化的互联网中，出现了中心化的互联网公司，苹果、Google、微软、阿里巴巴、腾讯、甲骨文、IBM、亚马逊（排名不分先后）等科技巨头依靠其技术和财务实力确立了他们稳固的行业主宰地位，而他们的主宰地位主要体现在财务能力和对行业核心资源的控制力。比如苹果设计优美制作精良的移动设备，是人们接入互联网的理想终端，基于对这一核心资源的控制，苹果有实力要求开发者开发围绕苹果设备的应用；亚马逊掌握了全世界范围内最大规模的网络基础设置（服务器和带宽资源），无数的客户租用亚马逊的网络空间，亚马逊也有理由相信，它有能力制定空间服务商的服务标准。当年以所谓主流媒体为代表的大众媒体控制，就要在互联网上演，科技公司从媒体身上学到了大量可行的经验，从垄断用户的认知开始，到限制用户的选择，再到垄断用户的想象。

总而言之，互联网的快速发展和急速的平民化普及，商业在其中起到了重大的推动作用。但是商业追求经济效益的本性，让本该自由流动的数据成为巨头们争相把持的对象。因为产品化的思路让数据成为科技公司的摇钱树，元数据、用户隐私的大量被利用最终会破坏互联网多元化的特征和自由化的基础。

 ## 从信息驱动到沟通驱动

在传统社会中，社交是很模糊的概念，以至于人们很难想象可以将其商品化。但互联网的出现打破了这一可能，社交网络的出现通过有机网络的运行，成功地将用户变成其中一个活跃的变量，用户本人可以进入其他的社群，也可以邀请他人进入自己的社群，在社交网络中加入社群是有很明确指示的，这种指示也被用户本人视作是一份鼓励，事实上他也更愿意将这份鼓励传递出去，以吸引自己的朋友加入这个社群。社交网络的社群社交，就在这种快速反应链条中迅速扩大。在传统社会的社交中，这个过程是漫长的，指示也是不明确的。因为很少有人能明确说是否进入了一个圈子，除非他是这个圈子的领袖。

社交网络是我们线上生活的主要场所，我们的生活轨迹和信息记录都由社交网络承担，不管有无意识都在通过社交网络参与到外面世界发生的种种事情中。我们已经不习惯别人告诉我们发生了什么，使用原有的线性信息流让我们看起来不是一个会独立思考的人，我们希望实实在在地参与到社群交流和网络信息传播中。

社交网络把参与互动和复杂的信息传播交织起来，而这种交织起来的感觉也启发了参与到其中的人的复杂目的。这些复杂的目的可能是个人色彩浓重的，也可能是关切公共利益的，还可能包含了当下社会、文化和政治层面的见解。总之，在社交网络将连接变得很便捷之后，就把更大的发展空间留给了用户。这种带有基础信息的再加工再创造，保证了每一个参与其中的人都有了基本的参与感和交流可能。如果有更多的人参与到用户发起的讨论中，甚至表现出足够数量的认同，那必然会给人带来一种权力的饱满感。在现实社会中，意见表达或者表态是瞬间的事；但在社交网络中，用户是依附于这些表态而存在的。也就是说，如果没有表态，那么这个用户将不会出现在人们的视野中。而正因为这种机制的存在，才导致网络民意看起来那么汹涌，当局感受到的来自网络民意的压力才那么大。

网络交流带有极其强烈的感情投入，这种感情投入最初来自用户强烈的个人表达欲望，并且这种欲望迫切需要一个有效的回馈，这就完成了一个最基础的交流循环，即表达和反馈过程。很显然，对参与到社交网络中的人而言，交流是首要动机，因为有了这样的认识，www.digg.com 发明了所谓意见按钮的社交功能，即我们现在熟悉的"点赞"。digg 最早的意见按钮包括喜欢和不喜欢两种，但是总结了大范围用户的使用习惯之后，今天各大社交网络中"不喜欢"按钮已经普遍被取消了。这种简单的意见按钮集合了简单操作和意见表达两方面的功能，用户不会认为操作这个按钮是一种负担，点击一下完全是举手之劳；更不会有任何不知道说什么的局促感，简单操作即可在形式上完成交流过程。可以说，这是社交网络的一大创举。在这种意见按钮出现的初期，各大采用这个工具的社交网络都出现了用户活跃度的高峰。到今天大家才逐渐认同，信息内容并不是那么重要，交流才是社交网络成长的内驱力。

技术的发展过程就是不断激发人的欲望，并不断满足人的欲望的过程。社交网络激发了人与人之间连接的欲望，人们希望得到那种立即联通的感觉。在所有互联网应用中，通信是具有绝对优先级的，因为互联网本来就是个通信网，这符合人们使用互联网的心理期待。在全世界范围内，腾讯的互联网通信产品有着最好的用户体验，其 QQ 和微信极大地满足了人们对于连接和交流的需求。这两款即时通信产品可圈可点之处很多，有一点我认为是很有趣的创建，就是我们经常看见的"对方正在输入"。从这一点出发，我们看到腾讯的产品团队认为人在通信上几乎是没有耐心的，人们习惯于面对面地交流，即我的表达能瞬间得到对方的回应。在互联网产品中，这种回应是有困难的，或者说是成本巨大的，所以"对方正在输入"这样的文字就会出现在对话框中，且只有一个作用：有效安抚用户焦躁的心情。这就是技术对人欲望的激发和满足的过程，如果不能完全满足，那就部分满足部分安抚。通信是用户使用互联网最优先级的需求，我们一直强调这一观点。

交流的欲望和动机促使我们与他人产生联系，这是社交网络能迅速成功的原因。当然，我们在认识到社交网络这一内驱力的同时不应该陷入另一个极端，即完全忽视人与人之间传播的内容。通过对社交网络长期的观察，我们发现大部分传播工作都是由基数庞大的用户完成的，而人与人之间传播的内容则是由少数人主导制作的。比如，新浪微博以名人为引导组建社会化媒体，通过名人的入驻不断产生关注和话题，以此吸引大量用户使用，从而保证社交网络的内循环。以二八定律推测新浪微博上 20% 的用户提供了 80% 的内容，但事实上，真实的数据可能更加悬殊。截至 2015 年第 2 季度，新浪微博的注册用户数大概在 2.1 亿，活跃用户 9300 万，真正有传播力的内容由数量不超过 3000 个的微博"大号"产生，而不到 8% 的用户产生了 90% 以上的内容（以上数据从新浪微博历次财报中摘取，或依据财报推测）。社交媒体在内容上仍是少数人的游戏场，这可能源自现实社会中根深蒂固的不平等。但是我们应该看到进步的一点，那就是每个人都有公平表达自我的权力，只是在表达时的能力有高有低。

在社交网络的交流内容中，我们能隐约感觉到背后有精心控制的影子，每个人都可以自主选择浏览内容。那这是不是也就意味着兴趣和意愿是我们最大的局限，社交网络也不会拓宽我们的交流范围呢？事实上，确实有这样的趋势。在某些情况下，社交网络强化了既成社会等级，并进一步封闭了社会组群。在社交网络中，用户展示的框架是给定的。这极类似填空式表格，需要将名字、性别、年龄、联系方式、个人头像、爱好等一一填进去，而这些填入的项目将每个人变成一个可以浏览的消费品，参与到社交网络中的每个人也被鼓励着去消费他人的个人资料。用户将自己喜欢的音乐、电影、图片、图书、游戏、电视节目填写到个人介绍中，以完善一个社交网络要求的个人画像。从媒体的角度来看，社交网络的媒体属性带有一定的局限性。同所有的媒体一样，社交网络的设计是和孕育它的社会特征密切相关的。从最早带有社交属性的 BBS，到现在我们熟悉的社交网络，每个人的生活习惯是贯彻在其中的。这也就是为什么在中国互联网的早期，如果照搬一个外国模式总有水土不服的感觉，而社会习惯对不上是主要的一个原因。在中国互联网逐渐成熟的现在，深度改造国外模式（微信、京东），或索性原创一个新的模式（豆瓣），在底层看来都是互联网技术。

这是全世界通用的，改造的主要工作在于上层，也就是产品和模式与中国社会习惯的匹配。

以社交网络为载体运作的媒体，充分发挥了互联网开放自由的属性，将传播信息的多样性和多元化表现得淋漓尽致，用户在信息读取上的自主是前所未有的，这也是之前谈到的"生产型消费者"的中心特征。但是我们仍要看到一个事实，社交网络赋予了我们信息自由的权力，也并不意味着每个人就已经拥有、或者可以行使信息自由的权力。这可能受个人爱好、性格、受教育程度等多种因素的制约，多数人还是只能看到他们"愿意"看到的东西，而他们的"意愿"是否是自主的现在看来值得怀疑。

 **商业引擎**

传统的媒体企业，通过分众传播和协同经济，使它们能稳定地把持传媒。全球老派的五大传媒集团，美国在线–时代华纳、迪士尼、维亚康姆、新闻集团、贝塔斯曼，通过不同的电视网、广播网、报刊杂志、门户网站、社交媒体等传播渠道，有效地管理着自己的受众，不管受众是激进还是保守，也不论他们的生活是贫困还是富裕，乃至从幼到老的多层年龄段，庞大的传媒公司总是能创造出适合他们消费的媒体。另外，这些巨大的传媒大鳄之间也有着千丝万缕的联系，而有一点是毫无疑问的，那就是要保持他们对传媒的控制能力。

随着社交网络的出现，传媒大亨俱乐部也不得不相应地吸纳一些新成员，比如苹果、Google、微软、Facebook、雅虎、Twitter、索尼，新成员的加入将有利于发展多平台传播能力，给受众提供更多定制化的服务。传媒企业将自己积累多年的经营经验教给科技企业，而作为交换，科技企业把自己的社会营销技术传授给他们。传统的媒体企业从来都没想过可以以消费者个人的名义制作发出个人化的广告信息，并且其中包含着种种暗示和诱导，更重要的是这种投递的精准性超乎寻常。

在互联网普及的今天，追踪网络使用足迹的技术也非常完善。这些技术对我们的数字足迹进行概括分析，并在这一过程中将其商品化。在社交网络中，这个过程变得更加便利和集中。首先，社交网络中的媒体越来越多地成为信息源，一个密集信息生产的母体；其次，信息与个人身份认证紧密相连，上网足迹与个人匹配距离最短。在这种集中化加速的趋势下，社交网络的商品化能力也会越来越强。传统媒体企业和科技企业不断靠拢，并各自从对方身上受到源源不断的启发。这些启发让企业们进入了一个泛商品化思考模式，就是永远在考虑——任何东西都可以拿来卖。受众是传统媒介企业和科技公司最重要的商品，可以被统一称呼为受众商品，广告主愿意为此埋单。他们二者唯一的区别是，互联网受众能自主产生内容，而这些活跃的自主内容对于习惯了传统媒介单向传播的广告主来说简直就是买一送一的福利。当然，传统媒介公司并没有落伍，他们在资源、资本和经营经验的支持下，迅速调整了产品，占有了自己的市场份额。

在传媒行业，一直有一个引擎在支持着行业的发展，这个引擎能将时间通过简单的转化变成公司利润。以往，受众花时间阅读报刊杂志、听广播、看电视、翻阅画册，这些时间被传媒机器加工成值钱的市场信息和广告，然后卖给厂商，厂商也因为有了这样的鼓励开始加速生产，这种推动力的产生好比汽车引擎，可控的输出动能让汽车飞奔向前。现在，由于互联网的产生，传媒行业被划分为传统媒体和新媒体，尽管这两者有着时代性的差别，但是其存在和赖以生存的方式没有改变，如果说有差别，也无非是直列发动机和 V8 发动机的区别——性能和效率的提升而已。在互联网主导下的新媒体引擎，把以往传媒行业看不上的闲暇时间、碎片时间也加以利用，通过新科技的改造而生产出更多的利润。科技对传媒引擎的改造是无休止的，因为这个引擎本身掌握了时间—金钱的转化通路，科技的注入无非是让这个通路变得更宽、更快。因此，在这个生意还没有如今天看起来有趣的时候，它对资本的吸引力已经足够强大。

创新和资本是推动人类进步的主要动力，创新是时刻存在的事情，但要将创新产业化并走完从创意到成熟的自然路径（从发明到推广，到普及，再到规制。见第九章），这期间离不开资本的支持和推动。可以想见，当初如果没有美国政府的资金支持，之后缺少风险投资的资本推动，应该就不会有今天的互联网局面，技术进步的速度会放缓，商业创新失去速度，吸引不到顶尖的人才。如果互联网不是一开始就被看好，能吸引到大笔资金，互联网经济会不会存在都未尝可知。很多有"强烈价值观"的人抨击当今的资本不是去到最需要的地方，而是流向有利润的地方。可是有利润难道不能说明有需要吗？还是说在抨击者看来，需要和利润本身就是对立的。

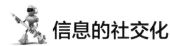 # 信息的社交化

　　社交网络是个表格化的个人介绍，人们通过这个表格进行数字化的交流。社交网络作为工具出现，但这个工具最终异化成改变人们交流行为的东西。人们越来越趋向于认为交流的重点就是交流，交流本身就是个很有意思的行为，探索多种形式的交流是件很有趣的事情。而最终，不管是交流、交流的形式、交流的对象，还是交流的内容，都统一变成了社交。

　　从这个角度来看，人们通过社交网络接触信息的目的并不是了解事实，尽管我们不排除有的人非常希望对事实有一个全面的了解，但是社交网络的结构导致他们无法实现这一愿望。信息的丰富和多样产生了一般人无法逾越的误导——哪怕是受过再良好教育的人，也不能对如此众多的信息进行甄别，这就滋生了信息误导的土壤。在社交网络下的媒体环境，信息的类别完全模糊了，我们如何把事实和信息噪声区分开来？如何把个人立场和媒体立场区分开来？如何把功利的评论和着意的宣传区分开来？对于没有受过特殊媒体训练、素质一般的我们来说，根本分不清。

　　逐渐地，在社交网络中，我们看到两股力量在朝着几乎相反的方向发展：一方面，网络空间在扩大，媒介平台在倍增，人人都可以办网站，表达和彰显自我的权力被平均地分发到个人的手里；另一方面，缺乏自信去表达的人越来越多，多数持非主流意见的人趋于沉默，而更多的人则以转发来弥补自己空洞的思想。社会的精英阶层掌握着更多的文化和政治资源，在社交网络刚崛起的时候，并没有引起精英阶层的注意；在社交网络成为一种值得掌控的资源之后，精英阶层利用其自身的资源优势必会让社交网络变得对己方更有利。回想一下新浪微博，明星的微博从来不缺粉丝，只是或多或少而已；一个华裔的美国驻华大使，也能一夜之间吸引数以百万的粉丝关注。如果说社交网络在中国的精英化趋势还只在较"亲民"的层次——娱乐明星和那些还没有进入"俱乐部"的公知，那在西方国家，

社交网络已经成为政治精英非常喜欢的宣传工具。奥巴马夫妇在其各自的 Twitter 上发表对时政的态度和施政宣言，在选举年时更是成为与广大选民密切互动的主要平台。奥巴马还在白宫网站上开了博客频道，白宫的新闻发布遵从社交网络的游戏规则在进行，每周奥巴马会录制一段十几分钟的每周演讲（Weekly Address），把这一周国家的重要情况向公众公布。在美国，社交网络完全成为政治精英宣传自己、拉拢支持的有效工具。奥巴马通过社交网络成功赢得选举，给美国的政客以极大的启发。他们看到以奥巴马为代表的新一代"透明"政客是多么的受欢迎，以往的政治语境已经随着互联网的介入而变得陌生；他们多年积累的对选民的游说经验，在一瞬间变得陈旧而过时。在奥巴马执政的这几年，尽管政府治理表现得很差，但至少让美国政界学会了使用社交网络。而就在前几年，说起社交网络，大家还觉得那是仅供年轻人娱乐的上不了台面的小玩意儿。

本次特朗普和希拉里的选战大戏，双方都在社交网络投入了极大的精力。在双方竞选团队的评估下，相比于以往大规模、大预算的电视广播网投放，社交网络对于选民的发动能力更强。在希拉里执掌美国国务院期间，她曾无数次利用社交网络在他国掀起颜色革命。可最终，熟练社交网络运作的希拉里还是在选战中败下来。特朗普的获选，在某种程度上更加突出了社交网络对于国家公共问题的影响，这一方面让互联网一代感到兴奋，但同时也应该引起我们的警惕——公民社会人格和科技人格的分裂，以及社交网络留给民粹的土壤。

从精英阶层开始重视社交网络，大众在其中的空间就被极大压缩了。社交网络并没有因为其多样和平台广泛的特征促进大众的思想解放，相反却是大众被依仗资源优势的精英进行了一场在虚假自由之下的信息误导。

当然，我们也不必那么绝望，即使在专制集权的年代里，媒体也依然是表达抗争最好的工具。毫无疑问，社交网络在媒体表达上有更大的潜能。可以想象，如果没有社交网络，在压迫的政权控制下，表达个人政治主张、企图掌握自己命运是危险的，且难以实现的。这完全不同于生活在自由民主国家的人们的遭遇，没有社交网络，信息很容易被切断；在信息难以获取的情况下，几乎也就不存在任何个人意愿了，因为那时候的个人意愿其实只是当局的宣传灌输。最新一部的《复仇者联盟》中，钢铁侠斯塔克想阻止发怒的绿巨人破坏城市，但他不知道绿巨人在哪里，这时他搜索了一下社交网络，无数人在分享绿巨人狂砸街区的画面，于是迅速找到了绿巨人。社交网络通过连接和社交，将及时发生的信息顺带透露出去，人们并不是真的那么关心他们所发出的消息，而仅仅是为了社交，也仅仅是为了表明自己是亲历者。

从博客（Blog）到社交网络（SNS），再到微博，社交网络上每条信息的字数越来越少，但传播的能力却越来越强。其实在这一现象背后，还隐含着一个巨大的变化。最初，人们使用互联网进行通信活动，这也符合人们对互联网这一通信网的期待。随着网络的发展，网上的通信活动变得频繁，逐渐地人们培养了通过网络进行对话和交流的习惯。这时候，网络的存在意义在于增强了人们实质内容交流的频度。可后来，随着社交网络的普及，个人关系网如摊大饼一样加速增长，对于关系网的维护取代了交流，变成人们使用网络活动的重点。人们在社交网络的活动中，交流的角色持续下降，成为维护关系网的从属。即一个使用社交网络的普通人，再也不会就发表的内容本身而苦苦思考，取而代之的是这篇内容如何能激活其关系网的活跃。我们通过对从博客到社交网络再到微博的过程研究，发现其中伴随着偏离社群、叙事和实质性交流的趋势，人们正在习惯于一种网络式、数据库式和寒暄式的交流。寒暄式交流的特点是简单的表达，信息的意向和复杂的表达被严重弱化了。社交网络上普遍出现的点赞功能，就是这种寒暄式交流的典型例子。我们现在很难说清楚"点赞"者想要表达什么，是赞同、欣赏还是喜爱，抑或是表达已经阅览。但这种含混不清的表达确实起到了社交联系的作用，这种高频的、浅层的联系被戏称为"点赞之交"。随着个人关系网的进一步扩大，尽管"点赞之交"已经非常浅层，但依然会被进一步稀释，至于稀释成何种形态仍不可知。

他们是在编造故事还是在陈述事实？我们在浏览社交网络上的信息时，这是最经常遇到的困惑。社交网络下的媒体参与者缺乏传统的媒体从业素养，在没有经过良好训练的情况下，社交网络把媒体工具交到个人手中，这必然会产生很多令人匪夷所思的乱象。每个人都可以做信息源的时候，个人的声音就集合成了巨大的信息噪声。在噪声之中，总有几个声音会被我们注意，这些被注意到的信息的出现其实是带有某种偶然性的。但在追求联系而非实质内容的社交媒体传播中，这种容易被注意的信息被人拿来反复研究其形成原理，随后无数容易被注意的信息被制造出来。这一过程其实已经偏离了作为一个媒体的基本操守，制造出来的信息即便是有现实依据也会偏离事实本身。

互联网的使用和功能受到每一个使用者的社会背景和个人取向的影响，互联网绝不是独立的第三方。从我们使用互联网的经验来看，个人表达行为本身即会发生事实的篡改，而这一切的动机都来自人们对于联系和维持个人关系的需要。从互联网的发展来看，我们应该逐渐淡忘对信息社会的憧憬，而应该想象一下交流社会出现之后的样子。交流社会通过我们频繁的交流活动自然产生，信息和通信技术直接进入了社会存在的核心，改造着我们的社会形态。

第五章 ●

预知 ●

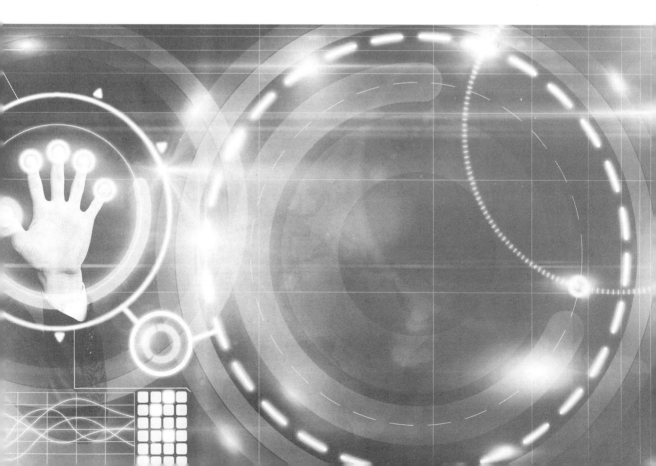

互联网加速了权力崇拜

看到这个题目，很多人可能会匪夷所思，"互联网""加速""权力"这三个完全不同领域的词如何能杂糅在一起。这其实是本书所要探索的一个方向，从社会、政治、文化的角度来探讨互联网的现状和未来。

互联网让人的聚集变得容易，每一个离线的散落的人只要接入网络就能迅速组成一个个团体，这样的组织在历史上任何一个时期都未曾实现过。有人的地方就有政治，政治的本质问题是权力问题，权力可以让一大群人成为协作的组织，也可以让协作的组织变得混乱。我们在之前谈到过，互联网在产生之初是没有中心的，每个散落的终端互相连接形成网络。互联网发展至今，原有的独立终端还存在，新鲜的是出现了一大批大型计算中心和数据中心，比如 Google 在北海的数据中心、Apple 在伊利诺伊的 iCloud 数据中心、Amazon 的云服务中心等。这些大型的数据中心存储能力和运算能力几乎相当于全世界散落终端的总和，这样的中心化趋势是如何形成的？它的内在动力是什么？如果放到政治和社会框架中分析，结果只有一个：权力。

霍布斯是政治思想领域为数不多的在分析社会模型过程中能一直精确秉持逻辑合理的学者，他笔下的《利维坦》放在当时的社会节奏下显得格格不入，那时人口的动员、聚集效率是无法与掌握互联网通信工具的当代人相比的。我们可以在数小时内完成一次局部战争的社会动员，而在当时，英女王召见某个领主都可能需要一周的等待。利维坦式的社会聚集是经过成百上千年完成的，在其间的某一代人完全可以否认这种聚集的存在。因为在他们出生的时候社会就是这个样子，到他们将死之时社会的形态也没任何显著的变化，只有几个敏锐的历史学家可以站在历史的角度凝视这种渐变，或者由霍布斯这样的思想伟人给世人以提醒。今天，在互联网的背景之下，我们看得到人的瞬间聚集，也看得到团体的瞬间消失，一切都发展得那么快，整个过程也都在我们的观察之中。于是，我们在这个时候重看《利维坦》或许更有价值。

▲ 霍布斯著作《利维坦》的扉页

　　如果我们仔细看这幅《利维坦》的扉页图画，会发现在这个手持宝剑和权杖的巨人身上爬满了人。这幅图形象地阐述了霍布斯的思想：由强力促使聚集，形成社会共同体，由社会共同体产生最高权力体，最高权力体保护聚集个体不受欺凌、不至于互相残杀。我非常欣赏这幅图，也非常乐于引用里面包含的观点和内容。因为在我看来，直至今日，仍没有哪位社会学家或者政治思想家的理论能如此精确地诠释互联网影响下的社会。

　　同样来自英国的哲学家杰里米边沁，也在同期提出了自己的学说——功利主义学说，认为个人如果能全力追求自身幸福，本身就能为社会创造极大的利益。边沁主张社会平等，人人平权，妇女也应该享有选举权（在 18 世纪妇女没有这样的权利）。边沁的主张放在社会进步的角度来看是具有政治正确性的，但是单纯的边沁想将平等平权推广到社会的各个角落，为了达成这个目标愿意尝试任何方法。这吸引了一部分具有激进观念的哲学家参与进来，最著名的应该是同时期的斯图亚特穆勒，他们共同为后来的马克思社会主义所有制做好了理论准备。边沁、穆勒、马克思在归纳提出自己理论的时候靠着一定的假想，而不是严谨的科学推演。这并不是对以上诸位的贬损，或许他们研究问题的方法应该归为其他的类型，这种类型或许非常适应灵活度很高的社会，而对于互联网影响下的当前社会并没有太多的指导意义。

互联网影响下的社会，尽管依然保留了之前的复杂性和多元性，但是在互联网这一个结构化的框架中，可变的和可假设的部分越来越少。霍布斯脑海中的世界，是一个类似机器的巨大整体，人被机械化的力量改造成一个个死板的螺丝钉，螺丝钉的意识能力是有限的，让已经融合进网络世界的机械化格式化的人用主动的意识去思考几乎是不可能的。思考和意识被整体地收回，权力也就是在这种收回中聚集起来的。边沁是天真的，认为体系中的人还能保留平等和民主的权力。但他可能忘记了一点，保留平等和民主的前提是大众仍然知道世间还有平等和民主，还在争取。在互联网高度渗透的今天，"知道"已经不存在了，每个参与其中的人一直向往的是拥有权力的方向，而不是要削弱它。这种权力崇拜的局面在霍布斯学说提出 300 多年后终于出现了，因为新工具（互联网）的出现导致人们几乎已经失去了在清晰视野下做出选择的能力。

小小世界，没有烦恼

那句我们常挂在嘴边的"这个世界可真小"除了在看见心仪的女生用以搭讪外，到底还有多少具体的意义？若是有一天你惊奇地发现某个未曾谋面的人竟然跟自己有莫大的关系，多年未见的初恋情侣在某个街角咖啡店重逢，抑或是偶像剧里虐心纠结的情节——失散多年的兄妹相恋，从个人体验上来说，世界真的很小。世界的大和小有两个层面的意义：第一，对于世界本身的了解；第二，周边人脉关系的连接。对于第一层意义，我们只需跑到图书馆，翻出远古时期的地图就可以清晰地对比出，我们对世界了解的进步是多么的巨大。从欧洲早期的世界地图，我们可以清晰地看见在海岸旁边有探出长脖子的海怪；而从中国的地图中，则会看见在山脉旁总会有几个神仙头像。时至今日，我们再也没有陌生的海域，也没有登不到顶的山，对自然的好奇心在历代人的探索中逐渐消退。这一点不是本文的重点，在此略过。

　　说到周边人脉关系的连接，在互联网普及的今天，很多人已经不陌生了，几乎谁都能说出个 SNS 或是"六度分割"理论来表明自己在这方面的知识储备。在以往传统的人类社会里，人与人之间的交往靠严密的组群关系和能力有限的媒介（语言、文字、谋面）维系着。有的人社交能力强，认识的人多一些；有的人腼腆不善言谈，认识的人就少。如果仅凭直觉，这似乎就是人们认识交往的全部过程。如果问题一旦给出，答案如刚才所言那么模糊而没有标准的话，那似乎只能说明一点：我们没有找到真正的答案。

　　我来分享一个真实的故事，以证明我的一个观点：世界很小。

　　当我还是一个在校生的时候，我联系到了一名世界著名的地缘政治学家（此处隐去其名字，因为我并没有取得他的许可），向他提问了一些专业上的问题，当然也收到了他的回信，他的回答帮我完善了一篇论文中的材料。要知道，他是国际政治界的大人物，曾经担任过美国政府的国家安全事务助理。对美国白宫官僚制度有了解的人都知道有这样一个职位，每周美国情报部门和担任保卫工作的部门主管都要规规矩矩地坐在他面前，对当前安全情况做详细汇报，此职位在美国白宫内阁会议上直接向总统汇报。毫无疑问，他是那个时期很多重要事件的知情人。现在回到我们的主题，在这个看似很大的小世界中，我是如何与他取得联系的呢？

　　2007 年 6 月，CSIS（华盛顿战略和国际问题研究中心）有一个卫生领域的代表团来中国考察，考察期间与中国官方、民间组织、专家学者等各个层面进行了会谈，而我校社会与人口学院的某位教授参加了在清华大学非政府组织研究中心的会议。通过这位教授，我联系到这次考察的赞助方——（我猜测）拜耳制药大中华区的企业交流主管，并通过这位主管取得了 CSIS 公关部门主管的 E-mail，给他写了说明意图的邮件，最后这封邮件被转交给了我要联系的那位学者的助理。最终经过两个月的等待，我收到了那位先生的电子邮件，但发件人的邮箱地址并不属于他本人。一个在中国读大学的大学生能联系到这样级别的大人物，中途经历 4 个人的传递和 5 次转接，这无疑是一个很小的世界。当时的我只是感动于一个大人物能抽出时间给我回信，并没有将注意力集中在世界有多小这件事上。我的一个同学以几乎同样的努力，联系到了亨利·基辛格博士，在此就不详述了。在随后的几个月，我惊异于这种社会网络所爆发出来的神奇力量，并着手进行研究。

同样的，在 20 世纪 90 年代末，世界上有些非常优秀的科学家也对社会网络的现状和进化产生了浓厚的兴趣，并同时进行了深入的研究。由于这方面的研究缺乏前人铺垫，对于人类社会网络的研究其实是从具有高组群特性的动物和昆虫入手的，比如蜜蜂、蚂蚁、蟋蟀、蝙蝠、鱼类、鸟类。它们在日常表现出惊人的族群协调性，在集体行动方面的默契达到了完美的程度。通过对它们的研究，有效的信息传递和精确的生物本能使得这些看起来令人惊叹的集体性得以实现。经过这一番归纳，科学家们实践出了组群行为的一些基本变量，此时转向网络规则复杂的人类社会的研究就有了根据。

世界到底小不小，我们即将用数字明确表示。

我们将地球上的 60 亿人口看作一个由 60 亿个点组成的集合，我们可以以任何标准将这些点放置在一个坐标系中，比如可以是性别＋年龄，或者是年龄＋国籍，抑或是全球经纬度，这都不重要。在这个集合中，互相认识的人的表示方法是两点之间有连线，如此我们只需要发挥一点点想象力，就可以把这幅图景的样子呈现出来：由若干个互相有交集的点组成的交往组群，及组群和组群之间的媒介人连线。这是一张庞大的图，里面包含着各种可能性。在研究这张图之前，我们不能忘记的一点是，这是一个我们假设好的有大量排列组合可能性的集合。既然这样，我们还要假设集合的两端，即在合理性（因为这是人类社会，应遵循一些社会的基本常识）前提下的极端情况。

（1）由于某种状况，这些人被划分到若干个组群中，在组群内部他们相互有交往，但与组群之外的人不来往（比如某些工作狂，只认识工作关系这个组群中的人；原始人部落，部落内部熟悉，但不与外界沟通）；

（2）由于某种状况，每个人都可以非常随意地联系到其他所有的人，而不需要任何转接（比如某个一直泡在网上的宅男，通过社交网络和聊天工具对外联系）。

事实上，就极端情况（2），美国著名的科幻小说家艾萨克·阿西莫夫（Isaac Asimov）在他的小说《裸阳》（The Naked Sun）中有精彩的描述：人和机器人生活在一起，每个人跟世界另一端的人联系都非常容易。这样能迅速建立关系，当然这种关系也是一种很弱的关系。（注：我们将在后面的表述中将情况（1）称作"原始人"，情况（2）称作"裸阳"。）

"原始人"和"裸阳"的根本区别在于，如果一个人同时认识某个人，那么在"原始人"中，他们必然属于同一个组群；而在"裸阳"中，即便两个人有诸多共同联系人，他们成为朋友的概率也不会比任何一个路人甲更大。真实的社会就存在于这两者之间。

互联网的出现，让以往那种只跟身边人联系交往的规整网络模式迅速变为可以与世界任何一个人产生联系的随机网络模式，人的关系从强关系衰落成只有联系记录没有交往的极弱关系。

拜互联网所赐，从数学的角度来看，我们每个人都可以通过最多六步联系到世界的任何一个人，也就是说从我们自身出发，我们就是世界的中心，于是我们再也无须仰视那些处于社会中心的人，也无须感慨自己朋友不多、关系不广；同样也是拜互联网所赐，我们的"朋友"越来越疏远、越来越陌生，因为关系仅仅靠"确定"和"取消"按钮维系，到底什么是朋友也因为概念的不清楚而变得模糊。如果我说我有 20 个朋友，你几乎很难在第一时间明确，我说的是 QQ 好友，还是微博粉丝，抑或是真的可以两肋插刀的挚友。

技术让人与人的沟通便捷，让世界变小。但技术毕竟是冷冰冰的东西，在便利性得以发展的时候，原来人与人之间的温馨体验变得干巴巴，扰乱了我们的节奏。我晚上会到楼下花园散步，当我看到一位瘦弱美女牵着一只精壮大狗时，那个让我啼笑皆非的问题就会出现在脑海中——谁在牵着谁？

 ## 决策和影响集体的建议

我们每天要经历多少次决策？多得数不过来。早晨起床，我应该从床的哪侧下地，这取决于头天晚上我把鞋子放在了哪边；我会衣冠整洁地去上班，而不会有任何一丝念头准备裸体出行，尽管外面的气温非常高；看见红灯我会停车，看见绿灯才会前行；开车上路我会靠右行驶，靠左行驶的念头从未出现过，除非是在英国；早餐我会跟大家吃得差不多，而不会去点一个火锅来充饥，尽管大部分时候火锅肯定比普通的早餐更美味……这都是决策，而它们有一个很重要的特征，那就是尽管我们在决策中保持了很自主的状态，但无一例外都不是受外界影响所得。

决策是复杂的，有时会由理性主导，有时会被机会左右，有时会显得荒诞。电视剧

《纸牌屋》中，弗兰克在巧妙地干掉现任总统成功入主白宫后，曾骄傲地对着电视观众说，就在不久之前他还是站在边缘的一个小人物，而现在他已经变成了美国总统。但有趣的是，美国人民并没有给他投过一张票。如果这是影视剧里杜撰的剧情，那 2000 年 12 月的美国总统候选人布什和戈尔，由于佛罗里达州选票的"模棱孔"，本来由人民决定的选举，交由佛州最高法院裁决。美国人最为珍视的民主，由于制度原因，决策权到了少数人手里。事实上，全美选民的选票在那一刻失效，选举权全部集中在了区区几百张选票里。如果美国的民主决策有着颠扑不破的传统，那这次该如何评价？

以选举为例来谈决策其实过于复杂，当前在各国的政治学院里出现了一门新的学科——选举学。名字看似堂而皇之，其实对于一门严谨的学科来说差得很远，因为它要研究人性中最难以捉摸的部分。在广泛交流的一个社会群体中，我们完全不能掌握最终具体的选择，因为人性是复杂的。比如在某次集体讨论中，每个发言人都倾向于方案 A，但最终方案 B 却胜出。简单地来看，这毫无理由可言，但如果仔细了解或者分析这个群体，就会发现有很多情况导致了 A 的失败。比如，支持方案 A 的发言人与在场的所有人利益不一致，而偏偏只有他们有发言权；再如，方案 B 的支持团体对所有没有明确支持 A 的成员进行了集体游说；又如，方案 A 的提出人并没有取得集体的信任等。人性在选举面前成了一个最大的变量，而且是决定胜负的变量。从严谨的科学角度来说，人性是一个毫无规律可循的研究对象，可一旦将个人的选择放在集体选择中进行反向研究，我们就会发现很多可以研究探讨的地方。

如果我们假设可以参与投票的人数量无限大，而决策的立场也只有同意和反对两种，那每个选民的决策过程都跟扔硬币无异。推而广之，如果每次选举决策都是个纯粹的随机过程，即每个决策都是掷骰子所得，那最终的选举结果就会得到一个正态分布。这里面有大量的前提，比如保证每个选民都要严格按照掷骰子的结果决策，其决策绝不会来自其他因素的影响。这个前提其实是做不到、也不成立的，比如每个选民都会关注候选人的外貌、举止、主张、价值观，而且人性还会促使人们更多地支持可能会获胜的人，即在某个区域某个候选人获胜，那这个消息传播开来，就会影响其他区域选民的决策。这种现象在互联网上表现得尤为突出，我们经常看到很多网上的调查问卷，一般情况只有两个立场：支持或者反对。就像我们刚刚假设的那种掷骰子的形式，尽管参与网上调查的人数也非常多，但我们看到的却不是支持和反对两方的票数相差巨大，而且最后的投票结果也会与整个社会的看法有所不同。对这样一种网上的调查，我们看到的是诸多影响下促使形成的不理性决策：当一个参与者进入页面之后，发现支持的人远远多于反对的人，如果他持中立态度，那他一定会选择支持；如果他持反对态度，但有所迟疑，那他也很有可能选择支持，以让自己不要那么格格不入；如果他是个坚定的持反对意见的人，那他也极有可能选择支持，因为厌倦……这种外界影响反映到自身的情况会在决策中不断发生，以至于我们难以研究。

由于互联网的发展，人跟人的互动变得更加便利和紧密。从刚刚以选举为例进行的探讨来看，决策似乎是难以研究的。一个心理过程极其复杂的个人，在扩大成群体的过程中，又掺杂了无数的内部和外部的影响，特殊情况和微妙变化随时可能发生，从而对我们的预判造成极大的困难。基于这样的认识，难道我们就不进行研究了吗？当然不！在考虑群体决策是否与个人心理和人性产生复杂关系之前，我们应该有一个认识：再复杂的情况，也是由最基本的过程叠加和连接而成的；而我们研究的过程，就是试图找到这些最基本的过程。我们都记得《蝙蝠侠》电影中用计算机动画模拟的蝙蝠群，其实是由两个距离参数（蝙蝠和蝙蝠之间的距离）和一个飞行轨迹（单只蝙蝠的飞行轨迹）扩展而来的。现在这种被称为粒子动画的技术，被另一种以人工智能为基础的群组动画替代。群组动画可以模拟复杂的过程，但仔细看还是存在着一般的规律和基本的过程。就像我们在高楼上观察下面的交通情况，一旦红灯亮起，最前排的车停下，引发后排车波浪状的减速停止。这些动作对于单个司机来说可能经历了数个步骤和复杂操作，但反映在群体上就是一个波浪状的减速停车过程。

人性中最基本的特征就是害怕孤独。就像刚刚提到的网络调查的例子，人们会倾向于选择人多的那个选项，仅仅是因为不让自己显得格格不入，尽管他本人并不十分同意多数人的立场，但这是人性的问题。从这一点出发，我们可以展开一个重要问题的探讨——多数派和少数派，以及其对决策的影响。

我的一个朋友在国内某家婚恋网站工作，根据他在不透露用户信息和商业机密的情况下为我提供的研究材料，我们将以他们的行业为例进行一个多数派和少数派的探讨。我们曾无数次听人谈到婚姻的意义，有一个论述是来自经济学的，经济学家喜欢以"收益"

为指标对婚姻进行分析，从而跳出感情、激情等非理性的圈子。以往女性作为弱势群体，收入水平低于男性，因而倾向于找到收入较高的男性结婚，以达到一定程度上提高收入的目的。但随着社会的发展，女性和男性同权同薪，从这个收入角度完成婚姻的理由越来越弱，婚姻对女性的吸引力应该降低才对。经济繁荣、良好的就业环境、高薪似乎是有碍于婚姻的外部因素，但我们从数据上看又得不到太多支持。

根据江苏省民政厅数据统计公报，截至 2014 年，该省共有 837 942 对新人结婚，178 899 对夫妻离婚，离结比（年度离婚人数与结婚人数的比率）为 21.3%。与 2013 年相比，结婚登记人数减少 7 万多对；同期，离婚人数增加 2898 对，即每 3 分钟就有一对夫妻各奔东西。而在经济不如江苏发达的吉林省，吉林省民政局统计显示，该省 2012 ～ 2014 年，离婚登记人数分别为 9.83 万对、11.12 万对和 11.26 万对，离婚率（年度离婚人数与总人口之比）分别为 7.14%、8.1% 和 8.2%。2014 年离结比（年度离婚人数与结婚人数的比率）为 72.8%。

我们看到，不仅外部经济环境对婚姻有极大影响，而且其他别的巨大的力量也会影响婚姻决策，比如社会对婚姻的态度、社会构成等。婚姻类似很多的决策情势，存在相互依赖和影响的二元选择方式，即硬币的两面，选择正面必然放弃反面。一个人的婚姻状况也是这样，要么已婚，要么是未婚，不存在第二选项。尽管在有的社交网站（Facebook）上存在 "complicated" 的选项，但这也绝不是为了研究。结了婚的人会对整个社会的婚姻环境造成影响。首先，结婚将减少社会上可供选择的配偶的数量；其次，结婚将影响社会对婚姻的认识和规范。基于这样的认识，我们可以继续对存在于社会上的个体在婚姻这个框架内进行社会学的划分，个人可以与婚姻存在三种互动形式：①单身；②已婚；③离异。根据这样的定义，单身状态是不可逆的，一个人一旦结婚，即会被归入已婚或者离异之中，且无论他以后的婚姻状况如何都不会再回到单身。而已婚和离异则可以根据婚姻状况，随时来回变动。

那么，基于意愿成为多数派的考虑，一个人在选择自己婚姻状况和婚姻身份时要受到经济因素和社会规范等多方面的影响。比如在一个认同婚姻的社会环境中，将会为已婚人士提供更好的就业机会、工资汇报和免税政策，这种经济因素会影响一个人的婚姻决策。同样，某个人的结婚会进一步强化这样的社会规范，使得原来的经济因素得到进一步确认。当然经济因素也可以鼓励非婚人士,这样的前提是经济因素和社会规范基本保持一致,不然会产生动荡,动荡的过程就是经济因素和社会规范的互相博弈,最后哪方取胜则另一方随从。

从婚姻上来看,我们对于个体的主动选择感觉是不足的,个体只是在外部环境的激励和约束中被动做出了决策。那是不是说个体就不能主动地做选择了?当然不是。多数情况下,个体和个体间的互动能让每一个主动的选择变成改善整个社会环境的最小因子。我们假设存在这样一家特殊的上市公司,公司业绩非常好,公司的股票有个特点,就是股票总股值恒定,份额可以根据市场需要自动增加或者减少,交易所实时对外公布这家公司市场上流通的股票份额,交易者可以选择将手里的股票卖给其他交易者,也可以选择卖给公司。卖给公司的股票将从市场流通份额中消失,这也就意味着其他持有股票的交易者资产将增值。在这样一个设计好的游戏中,参与者要变成少数派才能赚钱,而不是像婚姻那样要变成多数派。所有的参与者都在猜测其他参与者的交易行为,从而指导自身的交易行为。这样一个游戏在变成计算机模型之后将会变成一个振动曲线,有一条明显的中线和固定的振幅。在不加入人性考虑的情况下,这样的振动曲线会一直持续下去。但事实上,随着交易者的增多,包括这条实时变动的交易振动曲线在内的数据的披露,交易者会主动选择自己的交易行为,最终我们将看到一条中线明显、振幅逐渐缩小的振动曲线。这时说明,某些参与交易的个体已经在这个游戏中成功地摸到了成为少数派的门道,而那些没有摸到门道的多数派则会选择退出。这样的模型可能与真实的股票交易活动不同,因为我们锁定了公司的总股值,只有这样才会方便我们研究。在真实的股票交易中,每个交易者也存在强烈的成为少数派的意愿,只是我们看到,每个环节的数据都不恒定,且披露的数据也不足。交易者更多的是在凭感觉"下注",这样的情况在中国的股市中变得尤为明显。

在观察决策这个行为的过程中,我们看到了个体和外界影响之间的互动,以及个体行为的扩展产生的第二轮互动。我们依然认为,从个体角度探究群体决策是一项复杂的工程。本文中我们分析了经济激励、社会规范、个人利益、心理驱动等多个方面的影响决策的因素,只是为了证明所有复杂的现象都是基于简单过程的叠加。我们可以去寻找这些简单过程以对群体决策进行研究,这就是我们面对这类复杂问题的方法。

人类进入了互联网时代，我们重新审视"合作"的意义

　　我们社会的存在基于一种广泛意义的"合作"的共识，如果没有，那我们的社会就是不存在的。我们能自在地逛街，完全基于身边的人不会毫无征兆地掏出刀刺向我们，也不会冲过来攻击咬我们的喉咙，这已经是稳定存在的社会基础。但在互联网环境中，此类基础尚未形成。我们经常会在社会新闻上看到，某人莫名其妙地登录一个网站，然后被窃取了用户名和密码，结果银行账户被洗劫一空……在互联网世界中，我们看到了中心主义的管制，也看到了分散的非善意的技术打劫。那么，既然互联网已经来临，我们可以展开这样的讨论：我们习以为常的社会合作和协同将以何种形式反映在互联网世界？

　　英国哲学家约翰·洛克依据他的思考提出的"社会契约"希望从合作的角度对社会规则提出解释，他认为人本善，他说：社会中的我们是以放弃了某些个体的自由和某些自身的自由，才换取了现在的社会共处，或者我们仍要回到自然状态下，让人们拥有所有的权利，不受任何约束，人们可以互相伤害并以自身的能力保护自己的生存权和财产安全。基于对人进攻和破坏的本性的洞察，弗洛伊德也对洛克的看法表示了认同，他说：人类进攻的本性是"一种潜意识，是内化了的存在。事实上，它可以回溯到产生它的本源，那就是自我"。弗洛伊德这种对自我的洞察，认为其存在的结果就是挥之不去的犯罪感，也就是西方宗教里常常提到的原罪的观念。从弗洛伊德的观点出发，克制对他人的伤害，事实上构成了自身利益的损失，因为克制本身就是对自由的损失。

　　毫无疑问，达尔文所说的自然法则是残酷的，只有在斗争中生存下来的才有生存的资格。尽管达尔文没有明确表示他对人性善恶的立场，但是我们相信，他的自然法则是基于人本恶这一原点出发的。自私自利是自然野性世界的生存法则，可这也是违背常识的。首先，是因为这与我们现在的社会生活相违背，达尔文的自然法则更像是励志启示录，让"懈怠"的人们保持昂扬的斗志。其次，把人放在自然选择的法则下讨论，无异于假设人类社会一开始就是存在的。但事实并不是这样，人在体力、奔跑速度、天然武器等方面在自然物种中处于劣势，为了生存才选择了用社会化去弥补整个种群的不足。也就

是说，单一个体可以向同类寻求帮助，也可以接受同类的帮助。社会化就是合作的最初产生形式，而生存也是合作存在的最重要的意义。1902 年，俄国彼得·克鲁泡特金（Peter Kropotkin）亲王认为人本善，在他的《互助论》（Mutual Aid）中指出，人类的天性是合作而不是竞争。在此不详述彼得·克鲁泡特金的观点，只是想表明，对于人性的善恶从来没有定论，在这方面大家总是抱有各自不同的看法。

抛开人性善恶的胶着讨论，我们是否还能讨论这个问题？当然可以。美国经济学家、博弈论创始人约翰·纳什，在他著名的"囚徒困境"案例中真正做到了只理性地探讨利益，而抛开了人性善恶这个难以确定的变量。博弈论从提出到后来的很长一段时间，都深远地影响了社会的合作精神。乃至于我们今天在讨论互联网环境下的合作问题时，依然忘不掉博弈论给我们留下的思考框架。

美国导演斯皮尔伯格的电影《战马》中有这样一个片段：敌对双方战壕里的士兵同时发现了无人区里狂奔的战马，战马被铁丝网困住，于是英军士兵和德军士兵合作救出了战马，态度还极其绅士。这个以第一次世界大战为背景的故事，正确地反映了那时战况焦灼的堑壕战中双方士兵的心态。历史学家霍伯斯鲍姆对"一战"有一段这样的记载（来自一名战时到前线视察的英国军官的口述）：

德国士兵在他们的阵地上来回走动，且就在我的步枪射程范围内，但我们这边的士兵表现出无所谓的神情，这让我很吃惊，这种态度是不被允许的。我有些愤怒并下决心，一旦我接管部队，这类事情要在我的部队杜绝。这些士兵似乎不知道自己在打一场战争。不管是我方士兵还是德国人，似乎都秉承着"我想活，也得让别人活"的战场处世原则。

类似电影《战马》中的情节，还有一则非常出名但未经官方证实的传闻：在圣诞节的前一天，欧洲战场出现了停战，敌对双方的军人从泥泞冰冷的战壕里爬上来互相问候，还在铁丝网密布的中间地带踢了一场足球，球赛后士兵们各自回到了战壕，恢复了敌对交火。回到"一战"的背景下，敌对的双方都没有能力取得战争的优势，战事胶着，任何一方都无法取得进展。在这样的战争环境下，士兵们不对敌人开火，不是因为胆怯或者怠慢，抑或是绝望，而是完全理性的选择，只有这样对待敌人，才能换来敌人这样对待自己，这是对自己最有力的保护。

英军士兵接到冲锋命令，前线士兵会选择直接披挂上阵，或者花点时间聊聊天，等待命令时间过去；德国士兵也会接到类似的命令，要不就坚决地冲锋，猛烈攻击敌人阵地，狙击手消灭所有冒头的敌人，要不就消极应付，等换防命令一来，安安全全地回家休养。抛开对这种所谓"叛国通敌"行为的批判，也不去对其中的"人道主义"进行褒扬，这种行为本身就是一种很有研究价值的合作默契。双方士兵互相保全对方的行为不是因为受了人道主义的感召，其本身是被杀戮逼迫所致。我们假设对峙的双方为了取得某种优势相互发起了一场进攻：英军先行向德军前线发起冲锋，杀死 10 名驻守阵地的德军士兵；德军士兵发起还击，杀死 10 名正在进攻途中的英军士兵。一番攻势下来，双方各损失 10 名士兵，也并未取得任何战略优势。以眼还眼以牙还牙的策略在某种情况下可以看作是威胁，当然也是某种和平信号，只要双方都是理性的，在这种策略下，双方就都会保持克制，即不发动任何进攻。

《三国演义》中有大篇幅描述战争和作战策略的章节，一个将领的谋略体现在正面攻势和背后进攻以及侧应攻势的运用能力。诸葛亮谋略惊人，在与魏军作战中，经常以截粮道、劫营、出奇兵的策略取胜。我细读小说，还发现诸葛亮的奇招在与魏军作战的前期运用甚多，到后期的对决中越来越少。这也反映了一种合作精神，每一个战壕背后都有无数的运粮车、保障人员、疏于防守的战争物资，对这些单位的袭击难度与正面作战相比要低得多。为什么这样的做法在战争中很少见，以至于出现一次就被称为奇招？又是为什么这样的做法在现代战争中不被鼓励，甚至被禁止呢？这是因为，实施一次这种对此类目标的攻击可以对敌方军队造成很大伤害，且代价非常小。同样的，敌方也可以以较小代价对我方进行这类攻击，以对我方造成很大伤害。所以一来一往，双方都不会赚到便宜。在长期的战争实践中，交战方逐渐放弃了这种作战方式，不管是以人道主义的名义还是以更悲天悯人的名义。总之，双方都不希望对方以这种方式对待自己，那么首先就要不以此种方式对待别人。

合作的产生还依仗于人们认识到其处境会是一种长期稳定的存在，而不是飘忽不定的"一锤子买卖"。如果你认为会跟一个人长期相处，那就会非常注意与之相处的态度是否友好。在商业社会，如果一家公司将与另一家公司长期合作，那一般不会出现欺诈或欠款等不诚信行为。因为他们清楚，在往后还会有无数次的交易，一旦出现一次欺诈，对方将有无数次机会扳回一局。这就是为什么我们在选择一家公司的时候要考察其"实力"，其实无非就是评估这家公司做"一锤子买卖"的概率。

卢梭在《论人类不平等的起源和基础》一书中对人类文明出现之前提出了所谓的 5 个假设：有这样的 5 个人，他们准备合作围捕一头鹿，围捕成功后每人分得 1/5 的鹿肉。在围捕过程中，一只野兔跑了出来，其中一个人跑去抓住了野兔。由于这个人的脱队，围捕出现了一个大缺口，这头鹿就从这个缺口跑掉了。抓住野兔的人可以饱餐一顿，但其他 4 个人一无所获。这完全符合西方世界对社会规则起源的认识即契约，众人商量好一套规则就严格执行，但如果对违约行为缺乏制约，违约获利的情况就会频频出现，就像那个抓住野兔的捕鹿人。

通过以上梳理，我们大致可以理解社会规则和合作出现的原因。我找到了一种游戏，可以充分解释合作存在的几个重要内容。扑克牌是一个充分博弈的游戏，扑克牌的好玩之处在于"信不信由你"的玩家心态，一旦抛出这个态度，对方就要从信息中为自己判断一条正确的应对策略。扑克牌的出牌要同时或者部分地完成压住、误导、干扰对方的任务，通过具有冒险性的出牌策略和不确定性的出牌方式打乱对方的阵脚，这是两人对阵的情况。如果是 4 人游戏，那还有两两合作的关系存在，这就已经和经济市场极其相似了。因此，扑克牌完全可以模拟合作的数个重要步骤。

（1）多次博弈。一个牌局并不会只打一局，要诈并不会给自己带来好处。

（2）合作是为了最大利益。牌局中可能存在牺牲队友的情况，但总的目标是获得本局的胜利。

（3）发起攻击总在关键时刻。在牌局刚开始的时候，双方都还很和气，互相给机会出掉小牌；在牌局的后半程，误导和欺骗才会频繁起来，因为这时更接近局点。

（4）攻势是消耗。每一次争夺出牌权，都是以消耗掉大牌为代价的，如果大牌的压制不成功，那出大牌就是一种浪费。

（5）合作意味着放弃部分自由。与队友合作需要我们时刻为队友提供便利、为对方制造阻碍，还要顺势让自己出牌，这本身就是对自由出牌权的折扣。

那么回到文章开头，为什么当前互联网社会出现了那么多非规则、不合作的行为？

互联网社会不是一个自然社会，它的存在是基于一定的技术基础。某些掌握网络技术的人会有某种优势，这种优势会给他更大的权利和自由。这跟现实社会是完全不同的，现实社会中大部分人之间的差别没有那么巨大，而在互联网社会中技术人员和非技术人员的素质差别巨大。映射到现实中就是凡人与超人的差别，"超人"不愿意那么快就放弃自己的权利。黑客行为、网络安全陷阱、社会工程学攻击等，这种高位的打击让一般能力和素质不及的普通人难以自我保护。在互联网社会中，伤害他人对于技术人员来说极其容易。

互联网社会是一个过度敞开的环境，每一个人都可以通过一个 IP 地址或者 E-mail 瞬间联系到地球另一端的一个人。互联网是一个没有时空感的虚拟环境，在这样一个有着无数原体、且原体之间可以自由碰撞的环境下，频繁互动在不断猎奇的好奇心的驱动下被驱赶，"一锤子买卖"做得很方便。在网络实名运动兴起之前，我们甚至不知道正在联系的对方是男是女、是老是少、是人是物，买一个 ID 是身份的象征，也是身份的隐藏。在这种情况下，不良行为得不到惩罚，就会越来越严重。

事实上，当前的网络监管也很难对网络环境起到扭转性的作用。核心原因除了上述两个外，还有就是监管当局采用的管理思路完全来自现实社会的经验，而现实社会的存在基础与互联网社会是不同的，这种经验转移的后果就是无法监管。在网络环境恶劣的情况下，当局甚至有"断网"以绝后患的决心，这就像用原子弹将某个地方从地球上抹掉一样粗暴。

我们应该回到问题的原点，重新对比现实社会和网络社会的区别，并在一些基本问题上进行反思，比如到底什么是合作。我们有丰富的历史经验，不管现实社会还是网络社会，其基本的行为体都是个人和由个体组成的民众，拉长时间轴我们就能清晰地看到个人和民众的某些行为趋势。尽管文明进步，我们对这些行为有着美好的愿望，但天堂并不是靠一厢情愿就可以到达的。人性多种多样，变化多端，无法预知，影响人类本性的因素也多种多样。我们理想地认为人性在多年文明进程中已经被驯化，互联网的出现又一次刺激了人性中敏感的部分，激发了难以管制的"野性"。不管历代哲学家和社会学家对人性有怎样的认识，我们都始终相信，复杂的人类行为有一个简单的原点，而对这方面的研究还有大量的工作要做。

 ## 体系中的原体如何追逐互动

互联网作为一个巨大的体系，其本身有自己的运行规则，每一个接入互联网的终端、互联网中数量庞大的系统以及系统和终端之间的联系、用户和用户之间的关系，所有这些都表明这是一个极其丰富且复杂的体系，其复杂程度与我们真实的社会无异。经济行为是我们所处的社会中人与人之间主要的活动，正如宏观经济是由无数个简单交易构成的一样，这是个庞大的以经济活动为主要行为、以逐利为主要目的的体系。经济学相当完整地对这个体系进行了研究，其中有个笑话：一个老经济学家养了一只鹦鹉，每天让这只鹦鹉学人说话，有一天这个鹦鹉开口说话了"供给、需求"，这时在一旁的老经济学家的太太跟她先生说："恭喜你，又教出了一个经济学家。"

供应和需求确实是经济学所研究的两个重要维度，经济学家以此为出发点整理出了解释整个社会经济行为的很多理论。互联网也有与之类似的特点，尽管当前单独研究互联网的学科还未出现。

罗伯特·海尔布罗纳，这位哈佛大学经济学荣誉退休教授曾经说：归根结底，经济学关心的是人的群体行为，而人的群体也像原子的群体一样，会呈现出统计意义的规律性，会服从概率分布。因此，随着研究者转而探讨平衡概念——所谓平衡，是指每个个体为实现自己的最大利益而相互无规则互动时市场最终趋向的状态，经济学正致力于向我们说明这个复杂社会的某种趋势。

如果经济学家作为一个执枪的猎人，他在面对一群飞过的鸟时，与我们普通人的目标可能不一样：与其说打下一只特定的鸟以显示本人的枪法准，不如向鸟群中最密集的地方开枪以打下最多的鸟。群体是我们现实社会和互联网所共有的特点，我想这是可以将经济学的研究理论引入互联网的一个机会，毕竟我们可以部分地继承经济学两百年来对群体问题的研究成果。

如果我们要研究的是群体，那么我们将不再着眼于个体的动机，因为当群体具备很大的数目后，规则性就会出现。在许多情况下，个体所能做出的选择只有有限的几个。尽管我们并不限定个体的自由选择，但仅就有限的几个选项来说，他们的行为就已经被框定。当把这些个体的行为放到一个较长的时间线上观察的时候，由这些个体所组成的群体的行为，我们完全有可能做出某种预测。从普遍意义上讲，正是由于选择受到一定的限制，所以才会出现秩序。鲁迅先生讲"世上本没有路，走的人多了，也就成了路"，其实包含了很深刻的群体研究的思想，我们将"草地上的小路"作为对象进行专题研究，如果行人对于穿过草地的需求是无规则的，他们进入草地的位置和走出草地的目的地可以是任何一个位置，那我们可以断定这块草地不会出现小路。经济学对于市场的研究就是基于这样限制性的条件展开的，人们必须进行理性的交易。也就是说，交易者必须在货品的卖出价格高于买入价格时，才会发生交易。这像极了热力学第二定律中的描述："热量可以自发地从温度高的物体传递到较冷的物体，但不可能自发地从温度低的物体传递到温度高的物体。"经济学中的理性交易与热力学第二定律只能说相似，还不能说是同等式的单位变化，因为整个市场中还充斥着大量的不理性交易。而在物理学中，热将严格按照热力学第二定律运作，不会出现例外。这也是很多学者认为经济学不是严谨科学的依据，认为经济学中有例外。但事实上这并不妨碍我们运用经济学来解释很多现象，如果将此研究方法运用到互联网群体的研究中也是非常可取的。因为体系量级巨大，内容个体众多，而这个体系完全有这个容错的能力。

经济学对于市场的研究，其出发点是认为社会中的财富和资源是有限的，人们通过市场行为对这些资源进行争夺。回到互联网环境中，什么是互联网世界中的稀缺资源？了解清楚这一点，我们就可以对其展开详细的思考。因为有稀缺就有争夺，稀缺也直接导致了限制；有了这些维度，我们就可以预测互联网上的很多群体行为。

低买高卖是经济学对人们理性的前提假设，事实上这并不全面。因为如果对市场展开研究，还有很多资源并没有进行价格化衡量，说白了就是很多东西还没有价格，比如人际关系、知名度、快乐、安全等。所以经济学中谈到个体参与的目的，往往用追求最大利益来表述。利益就可以概括所有价格化和非价格化的稀缺资源，也就是经济学家常常讲的"收益＋效用"。每个个体都尽自己所能收集市场信息，以此为依据找到最佳的市场行为策略。这就像 AlphaGo 在面对棋局时的表现，通过它的计算找出最利于自己的棋步。但这其中有一个明显的区别，那就是市场中的个体一定不可以掌握全部市场信息。AlphaGo 面对的全部信息就是棋局，它可保证做出正确的选择，但人不一样。

很显然，我们不需要做详细的统计分析即可做出判断，个体有时候的行为是缺乏理性的。这一点在股票市场上表现得很明显，当股票处于高价位时，理性应该提醒交易者不要进行交易，但仍有人在买进。对于市场而言，这突破了经济学依赖的以供求关系为筹码的平衡环境。不了解经济学的人，会挖苦他们对非理性的忽视，仿佛经济学家在心智上过于单纯。在过去三四十年的经济学实践中，不完全信息经济学已经成为主流经济学的重要课题。这也就是说，由于人们对信息不可能完全掌握，所以在掌握部分信息的情况下，人们只追求环境条件许可范围内最好的策略，而不是以往所追求的绝对最好的策略。经济学家们注意到，随着市场复杂程度的发展，人们面临的不确定性与日俱增，这时人们倾向于放弃寻求最佳结果，转而接受某种标准下足够好的方案。这就类似我们当前通过类考试中考生的心态——"不求分数，只求通过"。在今天，这样的决断也被认为是符合理性的，这就是经济学在设定理性标准时结合了现实情况的结果。也就是说，经济学在今天仍有很深的社会学背景。

说了这么多经济学对于个体的认识，我们再次回到互联网的探讨。就当前而言，互联网的稀缺资源是注意力资源，它有很多说法：流量、关注度、知名度、热度等，互联网上所有个体的行为都是在进行注意力的争夺。根据经济学中的供求关系原理，内容生产者如果可以做出较稀缺的内容，那必然导致关注度的增高。供求关系作为普适的确定人行为的准则，对网民的行为有很好的解释能力。比如在社交网络中，人们倾向于使用极端的语言以吸引注意力，因为极端语言的稀缺性会为其带来足够的关注度。这里行为人并不在乎是美誉还是毁誉，而仅仅需要关注度，因为他的环境理性让他非常清楚，一旦获得关注度就可以谋求更高的利益。这像极了我们现实中的选举行为。以美国大选为例，候选人在党内选举阶段往往会表现得比较极端，因为极端的思想可以激发党内基础选民的热情，一旦候选人赢得党内提名，他在稳定党内基础选民的同时，就要谋求对方党候选人选票，这时候会根据情况选择不同的策略。在网络中，充斥着希望自己跟所有人都不一样的"理性人"，他们通过这种稀缺性的生产和展示为自己获取关注度。

那很显然，基于以上这样的认识，对某些网络行为，我们就可以做出某些预测，因为我们仿佛看到了"草地上的小路"。事实上更特别的是，在网络环境中，注意力的生产者和消费者有的时候是一波人。也就是说，一旦有一个稀缺内容吸引到一波人之后，被吸引的人马上会学习这一内容，生产出自己的关注度"钓饵"，这样的结果使互联网潮流迅速换代更新并有极大的力量促进创新。这看起来似乎是一个好的现象，其实不然。我们可以想象，如果一个极端言论可以获得大量关注度，那么将会有大量极端言论出现，而且言论的极端程度还在无休止地加剧。如果不加以规管，想必网络环境就会这么恶化下去。当然，我们仅仅是以极端言论为例子。比如，搞笑、创意、绝活、美女、萌宠等，所有这些都向着它既有的方向加速行进的时候，其实是对人们关注度的过分透支。因为网络，它的行进速度是远远超过现实水平的，一旦发展到一定程度，人们就再也不会好奇，关注度这个平衡砝码也势必会做出更大的调整。

社交网络把我们分成了一个又一个圈子，人们都在各自的圈子里互动，并且对外部越来越不感兴趣，以致一无所知。互联网可以帮我们解决已知问题，但并不能帮我们探索未知。因为如果我们并不知道世界上还有这个东西存在，那我们又如何能够问出"这是什么"呢？我们在文章的最开始就提到，群体之所以可以被预测，是因为他们在一开始就被框定了选项，也就是从某种意义上讲的"没有太多选择"。互联网从最初混沌一片，变成了今天一个一个可以被框定选项、贴上标签的小群体。我想，这有网络治理的一部分成果，当然更多的原因是互联网的结构和个体之间互动的共同作用。我们相信，随着这种共同作用的继续，网络环境中的群体行为会变得更容易观察和预测。在不久的将来，相比于网络世界，现实社会才称得上复杂。由此，我们今天看到的复杂网络将不复存在。

 # 网络时代"听话"意味着什么

小时候我们常常听到父母的责备：你怎么这么不听话！每一个成年人，都肩负着一个使命，那就是小孩子听话。作为积极参与到社会生活中的人，有责任让"不懂事"的小孩子迅速融入大家熟知的社会生活中来，而"听话"作为一种对小孩子的社会化训练就显得非常有意义。天真无知的小孩子在未完成训练之前，对他即将面临的社会生活是感到陌生的，他的陌生意味着容易给自己和身边的人带来麻烦，比如小孩子会不自知地拿手摸电源，或者把泥土往嘴里塞等。当时间轴在过去的时代，经验传授式的社会化教育是可行的；但是今天互联网将我们带入了一个新的社会环境，一切都是刚刚建立起来的、都是新的，而且在以极快的速度发展着。"听话"的社会化训练方式似乎已经不复存在了，但事实果真如此吗？

网络世界是现实世界的映射，这是我们一贯的看待问题的方法。陈寅恪先生提出的"独立之人格，自由之思想"，曾经感召了多少代青年人前赴后继追求真理。但是从社会规范的角度来讲，陈先生的这句话无疑是天方夜谭般的理想。处于社会生活中的人几乎不可能做到人格的独立和思想的自由，哪怕是那些超越时代的思想巨匠也只能在社会规范的框架内做出一点点前进式的探索。

比如，在大部分国家，人们行车走路都是有规范的，红灯停绿灯行，看见行人要避让（尽管有的人不这么做，但他们知道应该这么做），要靠路的右边或者左边行驶。这些看似是生活的一些习惯，但其中蕴含的信息和对人的影响是巨大的。我们以英国的交通规则为例，英国规定要沿道路左侧行驶，要知道这并不是交通主管部门立法规定，然后大家严格执行那么简单，靠左行驶其实只是对传统的一种沿用，只是最终以法律的形式确立下来而已。马路还没有在英国出现的时候，人们不管是步行、骑马还是驾马车相遇的时候，为了防止对方的袭击，都会习惯性地靠左通行。因为大部分人右手持武器，这样在防御和进攻的时候更方便。这样的习惯就使尊崇实用主义的英国人选择了这种行路方式，这是社会规范对于人的深度影响（注：英国出现了大量的立场偏向于功利和实用的思想家，比如边沁、穆勒、斯密等）。还是以交通为例，前几年在我国新颁布的交通条例一度禁止"闯黄灯"，法律在挑战人们习以为常的社会规范，黄灯长久以来是慢行的标志，法律尽管有国家强力做保证，但也很难改变社会规范。强行将黄灯慢行变为禁行，在那段时间，官方的态度从强硬坚持到缓和，最后推翻了自己的规定，恢复到修改之前的黄灯慢行。可见在社会规范面前，我们实现陈寅恪先生口中的"独立之人格，自由之思想"几乎变得不可能。

刚刚所说的并不是一些如看起来那样琐碎的日常经验，即便是没有法律做保证的社会成规，其实也能很强地左右我们的选择。法律禁止裸奔，但并不禁止只穿内裤上街，几乎没有人会这么做的原因是这有违社会长期形成的共识；法律也不禁止用左手握手，但谁会这么做呢？除非是恶作剧。这是人在社会共识之下所受的强力束缚，而且越是所谓文明的社会，人们越是不需要独立思考。在历史上有一个著名的案例：

▲ 右为船长（图片来自互联网）

1884 年夏天，一艘商船"木犀草号"（Mignonette）遭遇暴风雨，在南大西洋距离陆地很遥远的位置沉没。4 名幸存的水手逃到救生艇上，食物只有两罐腌萝卜罐头，没有淡水。船长名叫杜德利，大副名叫史迪芬斯，还有船员布鲁克斯，而第四位关键人物船员帕克（Richard Parker）17 岁。据当时的新闻报道，船长、大副和船员布鲁克斯均是品行优良之人。

帕克是个孤儿，第一次出海做海员，那时有勇气出海是一个男子汉的象征。他们 4 个人在救生艇上漂了 3 天，吃掉部分萝卜，仍未等到能救起他们的过路商船。第 4 天他们钓到了一只海龟，之后的 8 天没有任何食物可以食用。此时，17 岁的帕克已经奄奄一息，因为几天前他不听劝告喝了海水。

▲ "木犀草号"的救生艇，帕克与船长等 4 人就待在这艘小船上。右图为帕克的墓碑

这时船长杜德利建议抽签决定谁死，好让其他人活命。但布鲁克斯不同意，于是这个方案没有实施。第二天仍无船经过，船长杜德利决定杀死帕克。他要布鲁克斯把头扭过去，并向史迪芬斯表示，非杀了帕克不可。杜德利做了祷告，拿出小刀刺进帕克的咽喉。布鲁克斯没有再秉持良知，他也吃了人肉餐。

在随后的几天，3人靠帕克遗体的血肉为生。第20天有船经过，3名幸存者被一艘德国船救起。杜德利在日记里这样写他们获救的时刻："第20天，我们正在用早餐，终于有船出现。"之后他们回到英国立即被捕受审，水手布鲁克斯转为控方污点证人。尽管船长杜德

▲ "木犀草号"案件当时的相关报道

利和大副史迪芬斯强调这是"必要之恶"，但最后他们仍以谋杀罪名被起诉。

这是非常著名的一个案例，在这里我们并不会从诸如法律、政治哲学等方面去探讨。我只是好奇是什么左右了他们的选择。假设同样是这3个品行良好的人在陆地上遇到了饥荒，同样面临吃人肉和死亡的抉择，相信他们不会那么快做出杀人的决定。在失去社会约定的大海上他们不被社会成规束缚，于是进行了独立的思考，生存的本能被激发出来，最终杀掉帕克靠他的血肉活了下来。人在有话可听（在陆地）的时候，惰性驱使他们听话；而在无话可听（在大海上）的时候，才会花精力去思考做出抉择，尽管有的时候最后的结果并不明智。

前几日，一个年龄稍长的朋友打电话询问我微信公众号的一些事情，如何运营、如何加强传播和互动之类的。由于知识背景或是年龄的原因，他一开始对我的一些观念和建议并不接纳。由于我对自己的正确性还是有信心的，所以极力说服他，但这毕竟很困难，于是我在话语中加入"大家都是这样的""别的公司也这样做"之类的说辞，接着我能清

晰地感觉到他的抵触情绪在减弱。人对于社会规范的遵守是深入骨髓的，即便这种社会规范没有经过严密证明。上大学的时候，我课余在一家咨询公司做兼职，有一次的任务是调查市面上MP4（当年有过这么一款产品）的价格区间。按照一般的调查方法，是要尽量全面采样之后取平均数的。但是对于这样一个对精度要求不那么高的调查，实施方法不需要那么复杂。我只是在中关村随便找了两个（防止一个柜台价格不实）卖MP4的柜台询了一下价，即完成了这个调查，并不需要满中关村的商贩问个遍，因为他们都是囿于一个组群，且按照一套成规行事的人。

互联网是新的技术也是新的工具，在形成社会规范方面有更强大的能力和效率。互联网的信息出入端口可以被把持，人在信息来源单一、宣传功率强大的互联网面前没办法保持清醒。王小波的《沉默的大多数》揭露了一个事实：多数人是不会站出来表达个人建议的，也就是说借助于互联网这个强大的工具，传达出来的声音只是个别的，或者说是不具备普遍代表性的。那么，在互联网时代"听话"意味着什么？还能像前现代社会那样回溯时间轴，靠着几代人总结验证的经验完成每个人的社会化训练吗？那些少数人的意见够明智，值得相信吗？这些都不得而知。人们在几千年的社会生活中培养出"听话"的习惯，在今天面临着巨大挑战。因为"听话"的前提我们都不知道是不是还存在，少数人未经验证的信息被互联网这一工具极力放大，我们周围被这些信息塞满，似乎全世界只有这一种声音。我经常念叨一句话：我们都是经验的奴隶，以前我们为奴还能看清前路，现在我们为奴确实更加方便了，区别是越接近经验越有可能变得糊涂。

互联网时代，"听话"仍有意义，只是更加考验我们的辨识能力。

 # 网络世界1+1＜2的原理

经过多年的训练，人们已经习惯于在看到1+1＜2时不表现得那么惊叹了。因为谁都知道，下面要说的将不是一个数学问题。尽管1+1等于几是那么难以被证明，但我们还是执拗地相信1+1=2是一个数学常识，因为这会节省好多时间去讨论更有价值的事。

面对当今如此复杂的互联网，我们该怎么去了解并认识它？了解和认识的前提是需要方法的，并且有什么样的方法就会有什么样的结果，这是显而易见的。在研究复杂系统方面，哲学为我们提供了两套方法论：①整体论；②还原论。我们可以简单地用 1+1 和 2 的关系对这两者加以说明。整体论要求我们把系统看成一个整体，对于整体和部分的关系，整体论认为是 1+1 < 2，其中缺少的部分意味着从质变到量变的事实。还原论则认为，系统是一个个单元互相作用而组成的，对于整体和部分的关系，还原论认为，1+1=2，尽管还原论方法是迄今为止自然科学研究最基本的方法，但在研究互联网的时候，我们应该清楚地认识到这是一个复杂程度逼近生命体的复杂机器，我们也无法通过模拟实验再次还原一个网络。很多自然科学领域的突飞猛进都得益于还原论的指导，我们将人体分为八大系统（运动系统、呼吸系统、循环系统、消化系统、泌尿系统、神经系统、内分泌系统、生殖系统）。在医学领域，这样的分类方法让我们更能聚焦于个别疾病的研究。在很多大型教学医院中，我们能清楚地感受到这一点，他们在这个分类之下做了更详细的科室划分，以至于没有太多医学知识的人很难确切地知道一个感冒应该寻求哪个科室大夫的帮助。毫无疑问，在还原论的指导之下我们找到了很多疾病的治疗方法，但是对于生命的理解却没有起到更多的作用，很多时候反而更加困惑了。美国哈佛大学临床医学院免疫学教授古柏曼医生的著作《生命的尺度》中深刻地反省了医疗对身体的摧毁、医疗对生命的伤害，在医疗参与之下，人们对待死亡的时候不是更从容更理性，反而变得恐惧，有的时候还需要寻求宗教的慰藉。以上这些并不是要讨论医学伦理或者任何与之相关的话题，只是想阐明一个观点：在研究复杂系统的时候，还原论可以帮助我们在很细微的地方找到突破口，但是这样的寻找在宏观看来是对整体的撕裂，是对系统的肢解。

今天，我们要理解互联网，不是要深入每一个通信协议、加密传输，也对 IDC 机房、CDN 加速毫无兴趣，对代码更是缺乏认真学习的动力，我们急切要做的是认识互联网"来者何人"。

要知道，每个系统都有一个起点，无论这个系统的规模是大是小，这个起点都是日后此系统能存在的第一先决条件，所有的可能性都由此出发。这就好比宇宙的起源，当前天体物理学的看法比较一致：大爆炸理论，宇宙由一个密度极大且温度极高的太初，经过瞬间的大爆炸形成。宇宙至今仍处在大爆炸之后的膨胀状态中。这就是我们认识宇宙运行的起点，我们对宇宙一切的困惑最终都将回到这个起点，所有未知的现象也都包含在以此为起点的可能性之中。当然随着科学的发展，会陆续有更多的发现，也有可能推翻之前的所有假说。但至今看来，大爆炸理论仍是站得住脚的宇宙理论。在对系统的研究中，每遇困惑即回归本源，反复拷问既有的常识，或许在多数情况下显得有些浪费时间，就像计算机出现之后还要笔算开平方根一样，但是回顾往往也是一种启发。

整体论极力想证明个体叠加和整体之间的非等价关系，这更多的是源于时常回归起点的思考方式。因为人们明明看到从起点到现在之间的非线性关系，期间经历过跳跃才出现了今天的局面。比如水和冰，同样是 H_2O 的分子聚集，如何会表现出不同的形态？比 H_2O 分子重量更大的 CO_2，为何在同样状态下还是气态？按一般的常识，CO_2 应该比 H_2O 表现得更黏稠才对，但事实上它没有。作为整体，它的属性是不是个体属性的叠加放大呢？很显然不是，1+1 ＜ 2。一旦个体整合为一体，整体就需要一种方式体现自己的面貌。

互联网的个体简单来说就是终端和线缆，把一堆终端和线缆堆积起来很显然并不是互联网，要不然计算机仓库就是互联网中心了。在此我们不得不再次重复第一章中反复提到的互联网出现的原因：为避免敌方有机会整体摧毁我们的通信网，DARPA（美国国防高等研究计划署）研制了互联网的雏形 ARPA 网。而且我们也非常清楚互联网是一个通信网，自然它的功能就是通信。在此简单梳理完之后，我们很清晰地拿到了一个通信网络，通信网络要发展需要怎么做？首先是规模加大，也就是把覆盖面从 DARPA 的实验室扩展到大学和研究所，再扩展到全美国，最终扩展到全世界；其次是要在通信效率上做文章，原本发送一个数据包需要 1 秒，提升带宽之后变成只需要 10 毫秒；最后是提高易用性，让受过简单计算机教育的人都可以接入网络进行使用。如此，在不发生任何质变的情况下，互联网的发展只会在以上三点的框架中慢慢膨胀：今年的覆盖范围比去年增加了；今年的通信速度比去年提高了；今年的操作比去年更简单了。

如果互联网的发展就是那样的话，今天我们做这样的讨论似乎没有太多意义。我们是要找到那 1+1 之后被忽略的部分，伯纳斯 - 李（英国计算机科学家，详情见第一章）让我们最先想到了存储，也就是万维网的部分（在第一章中 Net 和 Web 已经做过区分介绍），数据资料的电子化成为互联网跳跃扩展的第一步，互联网从只满足人们通信需求扩展到了可以满足信息存储交换需求，其用途和能力的扩展是跨越性的。然而在经历了令人满足的缓慢扩展之后，一切看起来又变得那么平静，此时又一个回归到本源思考问题的天才想起了互联网是通信工具。从 2007 年乔布斯发布 iPhone，移动互联网开始兴起，移动互联网充分地发挥了互联网作为通信工具的想象空间，把连接从终端设备的连接扩展到人的连接，乔布斯只是在很大程度上改进了接入设备的便携性，就把互联网带入了另一个时代。整体地看待复杂系统，善于回归原点重新思考整体的价值是整体论的概念，也是今天互联网世界观的重要组成部分。到今天，互联网进入云时代、智能计算时代，其实也是对这个原本的通信网络能力的进一步延伸，每一次跨越都是量变到质变的升华。

我们面对已经整合一体的庞大的互联网机器，努力尝试拆掉所有部分去寻找那个被忽略掉的"1+1 < 2"的部分。我们发现这个部分仍然带着互联网被刚刚创造时的烙印，那就是"连接"。从设备与设备的连接，到如今人与人的连接，再到以后人与机器的连接，是连接给了互联网自我生长和进化的能力，每一次脉冲式的进化都是"连接"这一胚胎力量的作用。经过几十年的建设，互联网作为智能机器已经具备了相当的自我能力。它体内的连接力量会促进各种连接和接入现象的发生，之前火热的 O2O 正是这样的例子。在互联网完成自建之前，如何推动 O2O 都只有团购这一种还算看得过去的形式。而如今，我们看到生活的方方面面都已经接入网络变成了时髦火热的 O2O。在互联网发展中，从量变的积累到最后量变到质变的飞跃，都是自然而然的过程。每一次突发的节点都出现在 1+1 之后，而行动的号角则出现在那些被忽略的部分就位之后。

理解互联网，需要我们带着尊重与之进行一场人与人的对话，而非解构式的探索，整体论的价值也就在这里。

 ## 一个线上的前现代社会

在《钱江晚报》上看到一个故事，在一个村里有个 16 岁的小女孩父母先后去世，给她留下了一笔不大不小的遗产，总金额大概在 80 万元。去除家里修房子、给妈妈看病，最后剩下了一张 50 万元的支票和不到 10 万元的存折。这个小女孩手里的这笔遗产在她们村掀起了一场不小的风波，到后来烦得小女孩都不敢回去。先是小女孩的外公外婆听说遗产的事之后，大老远从云南赶了过来，跟小女孩说："你妈妈都是我们生的，我们也要分钱，不给 20 万元我们不回云南。"小女孩因为这事还问过律师，律师说这种情况即便要分，她们连 5 万元也分不到。小女孩的二伯，可能觉得小女孩早早的就没了爹娘，看她可怜，就老让她过去吃饭。这下子小女孩的外公外婆不干了，连村里的村民都不干了。村民就老在小女孩耳边念叨，说："小心你这个二伯，你二伯以前对你没这么好，现在对你好就是看着你有钱，想夺你的钱。"全村人因为这小女孩手里的这笔钱都躁动了，全村茶余饭后谈的基本就是这个事，好像都觉得跟自己有关系一样，后来，就连当年给她爸妈做媒的媒婆都觉得自己该分一点钱。村民的躁动情绪越来越严重，以致经常在路上拦住小女孩质问她："你二伯是不是把你的钱拿走了？""你的钱是不是都让你二伯拿去了？"最后村委会不得不出面调停，小女孩被迫还要拿出存折来给村民看，说明钱还在，看了一次不够还要再看。记者去采访的时候也赶上了这一幕，记者也参与了居间调停。就这么着，小女孩都不敢回村了，每次回到村里都被村民围攻。激动的村民还似主持公道一样，要求小女孩以后不准去二伯家吃饭，就要跟外公外婆待在一起。

以上这个摘自《钱江晚报》的故事确实反映了一种农村的人文生态，稍微年长一点的读者可能都有这样的记忆，或者有这样的习惯。我们老家尽管不在农村，但也有这样类似的情况。前几年我妈跟我说过一件很小的事情，因为我每年过年回家都会给我父母一人带点礼物，过年当天再一人分一个红包。我妈单位有一些跟我岁数差不多的年轻人，过完年回去上班，午休期间大家在一个食堂吃饭自然会聊起来，聊到过年总是那套俗嗑，买什么衣服、吃什么饭、玩了什么、花多少钱之类的。有个家在乡下的男生，似乎去年业绩不错，过年回到家里在乡邻间挺有面子，言语中带有炫耀，就说，他平时工作忙，离家也远，不怎么回去，今年回家给家里买了点什么什么，然后给家里留了多少钱，家里人很高兴。因为我妈跟他父母岁数差不多，他转过头来问我妈："你儿子过年给你带东西没有？"我妈说"带了"，然后说带了点什么。然后他又问："给你钱了吗？"我妈说"给了"。这下男生激动了，把脸凑到我妈面前说道："买了什么东西我不关心，我就关心给了你多少钱。"我妈给我形容当时情景的时候说，"周围人都竖起来耳朵了"。听到数目后，男生话也没说就失望地走了，周围年龄较小的人也失望地走了。毕竟地区收入有差异，我妈嘴里的红包在他们看来确实是笔不小的数目，这分明体现出某种特定场合之下的较量。在老家，各个年龄层有他们各自的话题，但总是跑不出家长里短、嫌贫爱富、儿女不孝、人心不古这类的内容。每个人都时刻准备着打听出谁的一点点事，然后发表评论。

各位可以从我的表述中感觉到我的态度，说的是浓浓的乡情，其实一点也不温暖。2015年，脑瘫诗人余秀华（《穿过大半个中国去睡你》的作者）第一次来北京，第一次开新闻发布会，面对记者的时候谈吐应对非常练达。我的一个记者朋友惊异于她的应对能力如何一两天就能习得，我跟他说：余秀华来自农村，那里的村民说话个个比你们记者厉害。费孝通先生的《乡土中国》曾详细地描绘了中国农村和传统基层社会的面貌，而书中的很多特征仍保留至今，尽管物质生活有了很大长进，但我们不得不非常失望地承认，我们国家大部分地区还处于前现代社会的状态。

互联网上的中国也与发达国家的状态非常不同，也是现代和前现代的明显对比。前现代社会具有以下特征，且完完整整地映射到互联网社会之上。

（1）封闭。中国互联网的公开程度，或者叫封闭程度只与GFW（长城防火墙）有关。在这里就不予展开，有兴趣的读者可以自己百度有限的信息。

（2）宗族社会。古老的宗族传统在互联网上出现了些微的变化，宗族长被意见领袖、社群领导、明星等取代，他们从自身特点和资源出发维持整个族群。

（3）熟人社会。在社群（QQ群、微信群、论坛、讨论组等）运营方面，在弱关系层面的社群活跃度以"老乡""校友""附近"最高，也就是说人们还是保持着对熟人社会的生活惯性。

（4）静止的时间观念。在传统社会中，长者居于领导地位，这主要源自他们在静止社会中多年积攒下来的经验。互联网社会环境在时间观念上做到了反转，从以往求教长者到现在长者谄媚青年人，后面会专门撰文探讨这个话题。

（5）以个人为中心。人在从前现代社会到现代社会的成熟过程中，最明显的表现是可以分清自己的事和他人的事。第一个例子中小女孩的邻居对于她遗产的关心，以及第二个例子中我妈的年轻同事对他人生活的兴趣，皆是前现代社会人的表现。

此特征映射在互联网上，我们能举出很多获得极大关注的网络事件，尽管关注者就事件本身找不出与自己的相关性，但仍然会投入极大热情，表现出各种网络谩骂、表态、人肉搜索等。

那么基于这样的认识，将有助于我们设计线上的产品和活动。比如在个人宣传方面，八卦消息就比严肃内容更容易得到人们的关注；在煽动舆论方面，排外的、有强烈民族情绪的话题比理性辩证的话题更容易被人支持；在沟通方面，窃窃私语就比广而告之的方式更容易被人喜爱；在社交方面，组群社交就比纯陌生社交更有黏性（大学去过英语角的朋友都知道，陌生社交永远都是那几句话：how are you；what is your name；where are you from……）。

尽管我们对中国互联网社会的前现代特征进行了梳理，但是不能否认，互联网作为一个快速发展的新鲜事物，正在深刻改变着原有的中国社会形态。我们相信当前一定是在向着现代的方向前进，唯一的担忧仍是 100 年前的问题：急不可耐地早熟之后，何时才能真正变得成熟。

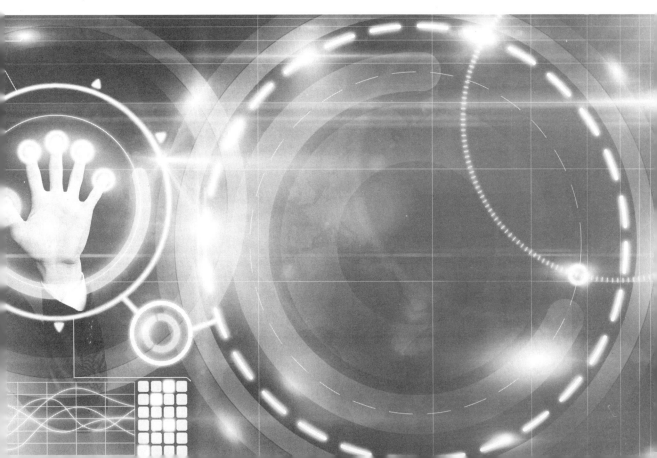

物理世界和信息世界的闸门

我们发现，大数据的出现是我们对世界进行信息化改造的关键步骤。因为大数据在应用层面进行了巨大的拓展，产生了非常广泛的影响，帮助我们解决了很多实际的生活问题。大数据在今天看来，已经开始重塑我们的生活、工作、思维方式。它解开了某些僵局，让我们重新思考过去深信不疑的观念。大数据让人们重新讨论决策、选择，我们的世界观正受到前所未有的挑战。由于大数据的出现，我们不仅可以掌握过去，还可以预测未来。

以往，所有理论都在帮助我们理解事物形成的原因，即"为什么"，但一味地追求"为什么"往往让我们容易忽视事实和本质。大数据的出现让我们重新关注事物本身，因为这才是我们生活和思维的基础。我们最终会发现，在大数据促使下对于事物本身的追问，将把我们的世界改造为信息世界，我们收集的信息和数据都可以用新的方式加以利用。所有这些应用还可以不断拓展，以启发我们尝试新的事物，并开启新的价值形式。这是一种全新的思维形式，将挑战我们的社会机构和我们的社会认同感。当前，我们还处在大数据运用的前期，很多基础性工作还需推进，针对数据的收集、存储和处理三个方面的任务都需要做大量工作。我们正在一步一步慢慢接近大数据给我们带来的前景，技术问题需要一个一个解决，但最终我们应该准备好如何面对大数据被激活后的局面。或许那一天真的来临之后，大数据会告诉我们所做的一切都是错的，那时候我们该怎么办？

在数据的应用方面，我们除了应该严格地对待数据的准确性、正确性、纯洁度和严谨度外，仍可以容许一定数量的错误。数据不可能完全正确，正如同数据不可能完全错误一样。当数据进行指数级的扩充时，很容易出现不精确的情况，但如果将这些细微的偏差放到巨大数量级的数据中，这些偏差又很容易被淹没掉。就像一条趋势明显的曲线，不可能因为某几个零星的点改变方向一样。我们无须捕捉那么多的细节，因为这会影响效率；我们完全可以使用更便捷便宜的方式找到数据的相关性，而不去寻找严谨的因果关系。当然，如果我们从事的是严谨的科学研究，就应该尽量追求精确。我们这里所说的对不精确的容忍，多数发生在生活领域，因为在生活领域，大多时候能搞清楚事实就已经足以令人欣慰了。大数据留给我们探讨问题的方法是：不必寻找事物的因果关系，因为表面的相关性就足以给我们带来惊喜。

相关性可以帮助我们知道如何绕过上班路上的拥堵路段，如何及早准备避免被传染流感，以及如何找到梦寐以求的打折服装。如果能从相关性推演出严格的因果关系，那当然很好。但我们一定要清楚一个情况，因果关系往往很难找到，有时我们认为找到了，实则是自我感觉良好的假象。就像那个验证蜘蛛的耳朵在腿上的实验一样（某科学家认为蜘蛛的耳朵在腿部，于是他就设计了一个实验：科学家先向蜘蛛大喊，蜘蛛随即吓跑；科学家将蜘蛛捉回，切去它的腿，再向它大喊，蜘蛛纹丝不动。于是科学家说，经过实验，蜘蛛的耳朵确实在腿部）。这实在令人发笑，也引人深思。

现在我们已经拥有了足够多的数据，所有技术的进步都将围绕数据展开，而我们的世界也将被一点一点数据化。人类量化世界的雄心由来已久，在计算机出现之前就已经在可行的技术条件下进行了无数的尝试。今天，新技术的发展让数据化提升到了更接近人类理想的高度。

可以说，大数据将成为理解和处理当今许多全球性问题的重要工具。在最近全国范围内强力治理大气污染的行动中，环保监管部门通过在主要排放单位安装传感器，来检测区域内的废弃排放情况；国家环保局可实时接收到来自全国的大气排放相关数据，通过这些数据的分析和某些气象数据的结合，来进行空气质量预报和防止污染策略制定。

由于智能手机的普及，更贴近个人的数据采集变得非常方便，这类与个人紧密挂钩的数据可以对包括健康、交通、日常交易等在内的情况进行必要的调控。随身携带的手机是采集个人健康数据的良好工具，将这类健康信息与历史积累的临床数据相比对可及时发现疾病隐患，尽早就医不仅能提高治愈概率，还能有效节约社会医疗开支。

在这里，我们不得不问："将来，在这样一个利用数据进行决策的世界中，人类将扮演何种角色？"大数据不是一个充斥着数学和算法的冰冷世界，其中有无数人类角色留下的痕迹。即便在未来，所有人都诉诸于数据，利用工具进行行为指导，人类所特有的直觉、感性、创造力仍十分有价值，这些都不是可以被机器和数据轻易代替的人类灵性。人类的伟大之处除了能制造先进工具外，更突出的是那些算法和数字无法揭示、数据无法捕捉的"测不准"部分。

大数据是一种资源，也是今后很长一段时间内人类进步的工具。它原封不动地呈现信息、描述现象，但并不做出解释。它也可以指导人们去行动、去理解，但并不需要刻意解释其原因。数据也会引发误解，这取决于数据是否被正确使用。大数据的能力非常夺目，这让我们有理由相信它具有改造世界的力量，从而真正将我们的世界改造为信息世界。

 ## 大数据改变我们的研究方式

大数据从多个方面改变了我们的认知方式。同样的，如果把大数据看作是一种研究方式，它带来的变化也将是革命性的。大数据以一种前所未有的巨大规模和范围进行问题研究，通过信息化的捕捉、综合、操作将现象从巨大的样本中抽离出来并进行细致的分析研究。

在大数据普遍提出之前，搜索引擎行为可能是互联网领域最大规模的数据分析。从最早时期雅虎进行的"分类信息"式的搜索引擎，到现在以 Google 为代表的超级搜索机器，可以说大数据的产生在很大程度上依赖于这个工具的出现。

我们知道在全球范围内 Google 是领先的搜索引擎产品，但为了便于说明，我们借用百度作为对象。百度搜索在国内搜索引擎市场的占有率在85%左右，百度的数据库几乎可以看作国内搜索记录的全样本。我们知道，搜索引擎的使用锚点是关键词，因此用一般的"图书馆标签法"进行关键词分类，比如严肃内容、娱乐内容、电商信息、生活服务信息、其他信息几类。我们发现，2015年在百度引擎的使用习惯中，娱乐内容和电商信息的搜索量达到了1/3。我们原以为，作为一种学习革命产品的搜索引擎，在普及开来之后，其主要功能就是满足人们的娱乐休闲和消费行为。

如果这被认为是"中国国情"，那我们来看一下Google在英国的例子。我们知道，从2013年开始，英国出现了一系列的重大政治事件，包括苏格兰公投以及英国脱欧讨论这种级别的政治事件。即便是这样，2015年英国民众在Google上搜索政治热门问题的数量仅占到总搜索量的1.2%左右，有关政府、财政、内政外交、国家重大项目和决策的总搜索量加起来也只有不到3%，这就很好地说明了搜索引擎在民众中的工具属性。

这样的研究在大数据领域比比皆是。以搜索为例子，以百度为代表，就是因为百度的市场份额高达85%左右，所以百度一家的搜索数据几乎可以被看作全国人民搜索行为的全样本。只要我们按比例抽取数据，即便我们只仔细分析全样本的0.1%，最后的结果也是准确的。

所以，大数据改变着我们的研究方式，其焦点并不在数据量的大小，而是提供了一个更全面的对待有关问题的思维。

当然，对研究者而言，思考获取数据的方式在伦理上如何立得住也显得很有意思，比如隐私问题、信息安全问题等。搜索引擎提供的大数据，确实不是为了我们进行社会学研究的。对商业公司来说，这可能是进行广告交易有力的数据支撑，也可能是提高本搜索引擎用户体验的有效方法。但是，至今未曾出现有任何一所大学或从事社会学研究的学术机构有能力和兴趣以研究为目的制作出一款成熟的搜索引擎。当然，这或许在本质逻辑上根本就不通顺；但这或许能反映一种情况，那就是用搜索引擎的大数据进行社会学研究是搜索引擎的副产品。社会学研究完全按照搜索引擎的大数据分析进行，也完全有可能是一种低效行为。

我们很有幸能接触到百度和Google开放给我们的数据，依照这些数据我们进行了以上关于搜索引擎工具属性的分析研究，但其中还是有很多问题值得探讨。首先最重要的一点是，搜索引擎的取样标准是什么，我们完全不知道。我们不清楚搜索引擎是如何运转的，这个世界上很少人能有"打开盖子"一观究竟的机会。搜索引擎提供的大数据是私人数据，这些数据没有公开的义务，也没有公开的可能性。这在进行研究的时候，是非常严重的事故，直接或单独引用搜索引擎数据进行分析是相当不严谨的。其次是代表性问题，使用搜索引擎的人是不是能代表所有人？哪些人是不使用搜索引擎的？这些被遗漏的人是不是包含在容错率里面？这些问题搜索引擎都很难解决。

随着互联网的发展，社交网络的出现导致了更大规模数据的产生。社交网络出现后的大数据多是以社交媒体形式暴露给我们的，因为网络化的社交让信息的产生、传递、再加工变得非常容易，海量的信息就是在这种传递交换中产生出来。既然信息能这么便捷被生产传递，那意味着这些信息并没有凝结多数生产者的"心血"。我们看到，社交网络中的信息有很大一部分是无意义的、价值很小的（可能对分析个人或某特殊群体有一定的价值）。

和搜索引擎相比，社交网络的搜索能力几乎可以忽略。但社交网络强调关联性，人与人关联，从而导致信息与信息关联，反过来再通过信息之间的关联强化或扩大人与人的关联。这样看似非常能产生正效应的一个模型，在社交网络发展了一段时间后出现了一个严重的问题，那就是社群化。人们以自己的兴趣、爱好等维度为核心互相连接，也遵循上述的人际关系和信息关系互相强化的过程。可是，如果任由这个过程不断互相强化，人们通过社交网络获取的信息将被框定在一个很小的圈中。用户不断地被某一信息吸引，进而不断地联系有同样兴趣的人。社交网络背后的机制是不断地让用户对这一类信息的欲望得到满足，所以不断地推送相关信息，从而使其看不到其他的信息。这就是社交网络对用户的框定和对用户的塑造。

社交网络大规模使用，并高度渗透性地进入每个人的生活，从而社交化地让每一个其中的人看到世界的某个侧面而不是全部。在社交网络时代，大数据的使用权限被平台方收走，每个用户只能瞎子摸象般在互联网世界中活动，这种线上的活动最终在用户的自我强化下完成对自我的塑造。

总之，大数据的方法为我们的探索打开了一个新的通道。大数据不仅仅停留在"大"的范畴，在运用规模、运用广度、数据收集、计算能力和计算方法等方面都是一次飞跃。

当然我们也不能忽视，新的数据和数据的分析方法与技术也导致了新的问题层出不穷，就如我们上文所说的诸多研究中的问题。但无论如何，大数据确实改变了我们探讨问题和研究问题的方法。我们相信在未来，很多研究工作都会向着更实证的方向发展，这将促使人文与社会科学变得更加系统和科学。随着日后大数据在现实中国的成长和普及，知识的积累和产生也会变得更系统；同时，大数据也会给我们带来更多新的研究方面的成果。

 ## 数据是世界语言

数量巨大的数据可以让我们脱离理论抽象直接进行观察研究，这一点在我们使用搜索引擎时会有体会。今天，我们只要将搜索词的拼音或拼音首字母输入搜索框中，在推荐搜索结果中几乎都可以找到我们想要的内容。搜索引擎可以揣测我们的意图，事实上它对我们的语言一窍不通。但它的拼音联想能力，似乎看起来比我们这些熟练掌握语言的人更强。搜索引擎掌握了一门世界语言，便于它理解更多的事情，这就是数据。

搜索引擎（无论是 Google、百度、搜狗、360 等）掌握了一套庞大的数据库，数据库中明确记录了数以亿计的关联结果。这些关联结果可能存在数个维度，比如个人使用习惯、字符联想、大数行为统计等，这些数据点会告诉搜索引擎当前这位用户可能需要什么搜索结果。同样的原理，我们常常使用输入法时也面临着机器选择。数据库统计人们在摁下某个字母时想表达的意思，最多人使用的那个字就会出现在首位推荐，比如按下 H 的人大部分想打出一个"好"字。

掌握庞大数据库的搜索引擎企业，会制作出一款看似很有语言天赋的翻译机器人，比如 Google 翻译。Google 翻译的功能很强大，可以执行 103 种语言的互相翻译。传言，世界上掌握语言最多的是 19 世纪意大利博洛尼亚的红衣主教约瑟夫·卡斯帕·梅佐凡蒂（Joseph Caspar Mezzofanti，1774—1849），据说他能讲 72 种语言，有的说是 50 种。Google 翻译可以一下子超越人类最有语言天赋的人，绝不是因为它有多少语言天赋。

Google 翻译与 Google 搜索引擎联动，全世界任何一种搜索都在教会 Google 翻译使用这种语言。这是一个日积月累的庞大数据库，通过大量语言与语言之间对照，Google 的翻译工作可以做得有模有样。皮特·诺维格（Peter Norvig）这位曾经 NASA 的计算机科学家，现 Google 研发的负责人，曾不无骄傲地说："我们团队中负责中文翻译引擎的同事，没有一个人会中文。"完成中文的机器翻译工作，不需要中文知识，仅仅依靠数据，这在以往仅仅通过理论是无法做出假设的。这是数据语言对自然语言的转化解释，也是人类进入统一语言时代的开端。

当前，在多个领域都产生了以 PB（1PB=1024TB）计的庞大数据流。我们相信在几年内，EB（1EB=1024PB）规模的数据流就会产生。面对这么庞大的数据量，原有的计算机检索海量数据的方式也显得有些低效。但即便是这样，计算机的全数据库检索的速度也是远远高于人类的。计算机科学家在面对指数级增长的数据时，开发出了计算机相关性分析的数据处理方法，用以处理一些数据密集型问题。相关性是大规模数据处理的有效方法，就如同前文所讲的，机器翻译的过程总体来说是一个大规模的相关性分析，前期通过大规模文本的输入对照，机器不断学习并捕捉各个数据节点之间的相关性。各种语言之间的相关性处理完毕之后，机器也就拥有了语言之间相互翻译的能力。这种处理速度较全样本检索的效率要高得多，人类在面对一门完全没有基础的外语文章时，需要一本词典进行单词翻译，再通过单词的意思连成句子，最后以现有的语言经验揣测句子的意思。而机器翻译完全不必走这么多步骤，运用相关性分析，所有固定搭配的词组会被首先抽取出来进行翻译。固定搭配在人类看来已经是某种"语言基础"了，机器还能扩大这种固定搭配的范围，一旦某句话的用法在以往的数据积累中出现过，那么机器会自动匹配此句子的上下文并进行相关性分析。在这样范围可大可小的相关性匹配中，机器可以完成较初步的翻译工作，其完成度高于一个没有语言基础的人类翻译。

我们今天着重阐述了大数据相关性分析语言翻译上的应用，其实在市场营销、基因工程、电网调峰、航空运输等方面都有类似的应用。数据作为世界通行的语言，不仅可以在计算机之间互通，在人与人之间也能进行有效识别。数据直接反映现象，数据直接揭示结果，这就是我们所说的通用语言，一种全新的重新解释世界的语言。

大数据对商业的改造

每到年末，大家都会在社交网络上疯传"今年的梦想实现了吗""今年余额已经不足"之类的话题。在每年年初，我们都会斗志昂扬地开出一个长长的"梦想单"，仿佛这是我们人生中极其重要的一年。但往往到了年末，发现这只是普通寻常的一年。我们喜欢花大量时间规划未来，尤其是企业和国家，我国的"五年计划"是国家进行经济发展计划的传统方式，某些企业几乎也可以做到所谓的五年计划。但这样静态发展的思维惯性，在计算机和大数据到来的时候，就显得略有迂腐。下面我们来谈一下大数据对商业的改造。

行走商界多年的商家，会在一年中聪明地选择数个好的时间点，比如最近几年狂澜兴起的各种网络购物节，双 11 购物节、6·18 购物节、双 12 购物节等。这些由商业文化驱动的社会动员，给每一个企业提供了新品发布、节假日促销、挖掘激活客户的良好机会。在成熟的企业中，常规的管理系统让我们习惯性地将这些时间节点与企业的品牌目标和销售目标相结合，从目标出发确定市场策略，进而匹配相应的营销手段。这些计划一旦形成并预算到位，所有活动就可以开展。但这种单向的、一相情愿式的商业动作到底有多么严谨的商业逻辑和普遍的消费者基础至今未知，即便我们已经有了那么成熟的市场调研工具。

数据是形成改变的关键因素。在过去几十年，企业就开始了对数据的应用。但直至大数据来到之前，这一切还都是所谓的案头工作。以往，营销人员需要自问自答地完成对目标客户的了解和洞察。后来，用户忠诚度培养的工作被专业人员接管。现在，这些专业人员通过网络能更好地观察他们的客户，深潜到市场最终端，观察每一次销售活动的细枝末节。这都是非常有价值的结果，因为这可以让营销人员清楚地了解实现每一次销售的详细原因。以往，数据是以过去一段时间为统计单元进行统计整理的。而现在，数据是发生在此时此刻的，具有非常强的即时性。尽管这一切已经成为了现实，但企业运用大数据实时调控营销的行为仍处在尝试阶段。企业没有合适的工具和数据表格，大多数还在按季度、月度回顾数据制订计划。除了少数精英的新兴企业外，大部分企业还是延续了以往管理系统中留给数据的地位——参考。当前这个充斥了惊人数据和新鲜资讯的数据世界，与打印资料、报告、繁冗文件的企业管理系统迎头相撞。这二者不仅在实现路径上，还在管理思想以及效率上都站在了对立的两端。我想，在当前环境下，企业对数据的态度几乎决定了它如何把握财富和机会。

目前到处都是关于数据的困惑，比如企业用数据做什么？数据挖掘必然触碰消费者隐私，消费者对此的态度是什么？企业在深入挖掘消费行为时做了什么？……这些在大数据刚刚兴起的时候都是一片混沌，这也就是为什么大数据可以成为热门话题。

我们面临着非常巨大的数据生产和存储，"每天创建 2.5 亿字节的数据"（引自维基百科），面对如此巨大的数据量，我们当前没有任何一款合适的工具能够处理混乱的局面。这也包括如 Google、Facebook、微软、甲骨文在内的精英科技公司，即便那些专门以处理大数据为产品的新兴科技公司，如 Kaggle，面对如此庞大的数据也束手无策。但我们也明显看到了改进趋势，随着我们对数据的获取、存储、搜索、分享、分析和可视化等方面的改进，大数据对我们商业认知的改变将是革命性的，并且会在近期产生一次又一次的革命性改变。如此，如何着手就成为新鲜议题。

数据背后的基本逻辑是观察已经收集的信息和预测未收集的信息。我们仅从商业角度来分析，所有市场数据将为我们呈现出两种行为过程：线性过程和环形过程。

线性过程。我们大部分市场数据都是线性的，它由一个步骤和另一个步骤的直接关联构成。我们以微信公众平台为例，在一次促销信息发出之后，收到信息的用户无非采取两种行动：①点击进去获取更多信息，如果与他的需求吻合会进行购买，如果不吻合会关闭信息；②直接忽略本信息。在数据收集的过程中，我们将拿到用户浏览详情，包括用户首先点击的链接位置和各部分阅读的时长等，我们可以观察这个交易是如何进行的。在整个交易环节中，这是一个线性过程。也就是说，一个环节的行进依赖上一个环节的完成。企业发出一条消息，不管用户是否做出反应，企业都将得到一个参考数据（这非常像热力学里面的"熵"）。我们今天获取的大部分数据，也基本按照这样的线性过程进行。

环形过程。尤其在社交媒体发达的今天，我们每天被各种极碎片化的信息淹没。然而事实上，很多东西都没有看上去那么新鲜。它们无非是过去无数信息的变种，然后被诸如粉丝、好友、点赞、评论、留言等方式进行加工再传播。这些网上行为的因果关系并没有那么直接，它们通过弱关联的联想互相产生联系，大多数企业不仅不懂如何使用这些信息，而且即便付诸行动也不容易将其与线性数据整合起来。当然，如果企业能很好地掌控这些通过环形过程出现的数据，那将迸发出很强大的力量。杜蕾斯就是其中很好的代表，它通过微博这一社交媒体将环形流动的数据整合起来。起初杜蕾斯进入中国市场的时候，与之竞争的同级别品牌有五六个。而今天，这些品牌只能望杜蕾斯之项背。产生联系、产生联想、产生口碑是杜蕾斯社会化团队每天都要考虑的事情，他们可以敏锐地找到繁杂信息中与自身品牌相关的爆炸点，通过策略加工就成为一次良好的品牌增值机会。这其中有非常多细节，有机会可以单独撰文详谈。

企业在面对以上两个过程的数据时，将有机会看到人们如何按照引导选择了自己提供的产品，也可以看到是什么让他们互相联系、产生效用。数据分析师和数学家将成为营销人员和创意人员的战友，他们的协同合作可以让任何企业在营销上走向成功。Google董事长埃里克·施密特在 Google 每年为媒体人士举办的"时代精神"聚会上，曾一针见血地指出："除非你是上帝，否则任何人都必须拿数据说话。"我想，这可能就是这个数据时代最有力度的提示和警醒。

大数据带动了民主进程，这个观点我们之前讲过。以往，存档、统计形式无法处理如此庞大的数据，民众需要对数据有所了解，这种对公开和民主的追求在商业领域也衍生出不少产品和服务。苹果通过 iTunes 音乐市场摧毁了传统的唱片业，并通过试听、数字化、分享、推荐等手段从唱片业手中抢到音乐消费者，导致传统唱片公司沦为 iTunes 的供货商。当年苹果对于数据的热衷超乎人们的想象：当 iTunes 能源源不断找到你喜欢的音乐的时候，难道你还会去逛那家傲慢的唱片店吗？可能在一开始，酷爱唱片收藏的消费者会抵制这种行为，且通常会买下某个乐手的发行唱片和限量唱片。但久而久之，收藏唱片的极致消费者会越来越孤独，终有一天会被迫放弃。因为不管是基于周围人的压力还是他们微小的购买力，都不足以说服唱片公司继续发行实体唱片。同样的，亚马逊公司也基于数据的分析挤压了传统出版业。如果藏书不是根本需求的话，那亚马逊的电子阅读器 Kindle 足以满足任何读者。书店依然火爆，只是买书的人越来越少，很多人会拿起书架上的书翻阅一下，但当他决定购买的时候，会掏出手机在亚马逊下单。足够的数据让亚马逊在书籍推荐和价格上有极大的优势，这仅仅是比较实体图书间的价格。如果对比 Kindle 平台的数字图书，那价格优势会更加明显。

我们在数据的章节谈到互联网对商业的改造，是因为从本质上来讲，互联网之所以能得到这么大的发展，其最大的原因是互联网就是商业。Google、苹果、微软、Facebook、亚马逊、阿里巴巴、腾讯、百度、京东，它们不是为推进人类理想而建立的社会组织，而是以逐利为目的的公司。它们的发展或许真的极大地推进了人类的理想，但并没有脱胎换骨成为一家慈善机构。我们看到，当前网络服务基本以免费形式出现，这与互联网的结构有极大的联系。互联网的特征是连接和边际效应递减，也就是说，首先互联网的本质是通信网，为我们人与人的连接提供便利；其次互联网使产品的成本呈现极大的边际效应递减，也就是我们常说的"一只羊也是放，两只羊也是养"，用户在增加的情况下，成本不会明显增加。基于这样的两个特征，互联网企业可以将数据货币化、货币数据化，互联网企业利用用户的信息赚钱，或将消费者当作媒体推广的目标。这部分我们在之前的文章中已详细讲过，在此不赘述。

在零售行业，大数据让消费者"觉醒"，实体店成为消费者寻找商品的体验中心，消费者通过手机识别商品的条形码、二维码、商品号等信息，进而从网上找到更便宜的供货商，这个过程仅仅需要几秒钟。但在以往，这种普遍性的比价往往难以做到，不仅因为很难找到低价供应商，更重要的是比价的繁复程度和需要投入的巨大精力也让我们愿意接受一个相对较高的价格。因为在综合了各种成本之后，看上去仍然比较便宜。在国内，淘宝网已经积累了这样的优势，他们建立起一个非常强大的有针对性的用户忠诚度培养和数据分析平台，使每次推荐的商品都能触发用户的冲动性购买。有数据开放衍生的询价服务，让零售商更加关注自己的定价和渠道管理。因为他们都知道，现在每个消费者只要打开智能手机，就可以连接到几乎所有规模的零售商。当然，这也促使零售商以更贴心的方式改善店内的购物体验环境，以弥补他们在价格方面的劣势。

认为电子商务会消灭实体店是错误的，只需问一下自己，就知道我们还是喜欢出门逛街，随手拿起精美的商品，看一看摆放精良的橱窗。尽管电子商务的出现以及商业数据的应用极大地挤压了实体零售业的空间，但这毕竟不是个零和游戏。我们希望看到的是，重视电子商务和数据的传统零售商的出现。在未来商业中，数字化的部分将不再是零售体验中的线上垂直板块，而是蔓延到整个商业组织中被工具化。就仿佛多年之前我们还在提倡办公自动化，而现在计算机已经成为办公必需品和重要的生产力工具一样。依照当前的发展趋势，我们有理由相信，在不久的将来，消费者能够通过数字化的手段完成购物，数字化再也不是局限在线上购物的环境中，消费者在线下体验中也能运用数字化的工具进行便捷的交易。

大数据的出现给商业带来了一个机会，除了可以高效地完成交易外，还可以极大地刺激消费者的购买欲望，随时随地选购商品，这可比一周一次的购物更有购买力。这种趋势已经不可逆，趁还来得及就应该及早拥抱。

企业在大数据的帮助下，能洞悉消费者对你品牌的爱与恨以及任何细微的情感变化。除此之外，还有诸多能够影响他们生活和心情的品牌都将出现在你的视野中。这就像你可以跟消费者直接对话一样，倾听他们的意见，接受他们的反馈，而这一切都是不带情绪、立场客观的真实情况。大数据是当前商业可以采用的少有的能大胆使用的工具，它积极、透明且富有成效。

数据到底应该"值多少钱"

正如我们所知，在一个充分市场化的环境中，信息对定价的作用是非常明显的；而且某些直接与交易相关联的信息，也早已在市场上公开交易。这包括我们常说的数字资产，如电子图书、音乐、电影等。当然除了这些公开发售的数字资产外，还有诸如我们的人脉关系、喜好、日常生活轨迹、电话号码、住宅地址等与个人挂钩的信息在黑市上以一定价格公开出售，这些信息的交易游走在法律边缘。由于某些信息被公开之后会造成巨大危害，最近国内司法和执法部门正在进行严厉打击。事实上，这也从一个侧面证明了信息和数据极具价值。

总的来说，数据一直被认为有巨大价值，只是在以往未被充分重视，或者被遗忘，或者由于缺乏合适的工具被束之高阁。数据长期以来被局限在知识产权和个人信息的范围中，这也就决定了数据在发挥其价值时受到的限制。今天我们重视数据，思考大数据给我们带来的巨大改变时，也是在为数据解开枷锁，真正让它发挥本该有的能力。

除了我们熟知的知识产权和个人信息之外，数据的来源范围非常广，可以说任何细小的变化都可以被记录为一个数据信息。数据包含了最原始的状态变化情况，比如我们在驾车行驶时每一米在 GPS 坐标上留下的路径痕迹，或者是我们每次心跳的力度和强弱的变化等。这些数据在被采集并详细记录下来之后，都会发挥巨大价值。但直至今天，我们还没有磨合出一套简单有效的方法来充分收集、存储、分析这些极其有意义的数据。从某种意义上说，这才是限制大数据发挥其价值的关键。今天，技术进步让信息采集、存储和实用成本一直下降，尽管仍处在成本较高的水平，但我们相信其成本下降的趋势会一直存在。我们今天在谈论数据，之所以认为这是一个不同的时代，在很大程度上是因为数据的采集已经有了突破，大量信息可以以极廉价和便捷的方式进行采集和记录；而且由于存储成本的下降，将数据保存下来看似也不存在任何压力。以往人们对数据丢失的担忧，在今天看来似乎已经解决了。在这样的情况下，低成本地获得庞大数据的可能性已经存在，这也是大数据时代来临的基础。

在新兴的科技公司眼中，数据被看作是一个新的生产资料，占有数据就是占有更多的资产，因为它们掌握了一套把原始数据加工为市场产品的工艺。换句话说，市场需要数据分析结果而非原始数据，只有少数掌握了数据加工能力的组织才对原始数据感兴趣。这也说明，数据的收集者在动用资源开展收集工作时，就已经明确地嗅到了数据的价值。网站会记录每一个访客的点击，以优化更容易获取用户的页面；营销人员记录每一个销售数据以改进销售流程，数据收集的行为是为服务特殊目的。事实上，我们也很少见到毫无目的的大规模数据收集行为。数据的基础用途是提供依据，这也就是我们常说的"数据支持"的逻辑来源。正如我们在前文中提到的，互联网公司为用户量身定制页面以及服务和商品推荐，其依据就是数据。

我们经常听到一句话"大数据是一座巨大的宝矿"，这句话当然是对的。但是数据并不同于实体矿山，它不会因为发掘而资源枯竭。数据的魅力在于它的价值不会随着开发而缩水，反而会随着不断的处理和分析而价值不断扩大。数据的这一特点，让它具有了经济学中"非竞争性商品"的特征。如果在法律和伦理框架内加以界定，数据在将来应该属于最重要的"公共物品"，从而成为人们出行、饮食、医疗、学习等方面行为的参考和指导。数据的价值绝不仅限于某一特定的用途，而是可以用来实现多个目的。我们在历史学研究上经常引用史料中的气象和地理信息记录，这些记录在案的信息当初仅仅是为指导人们生活和农业生产。而今天，我们却可以用它来进行历史研究；或者我们看到很多聪明的商家，一直在研究不同维度之间的数据相关性，比如某种气象变化会带动某种商品的销量，是数据分析让这部分商家获得了别人看不到的商机。数据的价值会远远超越最初收集时的预期，这是毫无疑问的。只要数据被多次使用，它的价值就会一直放大下去。数据的价值就像海上的冰山，我们当前看到的只是冰山一角，其实大部分价值埋藏在海水之下。这样的比喻看似老套，其实非常贴切。数据会不断积累，并且其价值会不断被刷新。创新精神让人们不断找到这些数据的价值点：美国海洋学家马修·方丹·莫里（Matthew Fontaine Maury）通过研究大量沉积下来的航海图和航海日志发现洋流；Google 多年以来不断使用关键词搜索数据和历史相关数据，对全球性的流感进行预警。

数据的价值是其所有应用价值的综合，这个概念像极了股票价值的计算。我们往往会习惯性地认为，数据在收集前设定的目标一旦实现，数据的价值就已经提取完成。但经过我们刚才的论述，数据的价值要充分释放还需要多次使用，因为数据已经成为生产资料，这就需要我们对其进行充分利用。下面，我们会借用经济学上的某些概念进行讨论。公司账目价值和市场价值之间的差额被计为公司的无形资产，公司的无形资产包括品牌、人才、管理系统、战略水平等，那么如果将数据看作一家公司，数据本身也有其"账目价值"，也就是它的基础目的价值，而"市场价值"就是它所有可能应用到的目的价值。如果感觉这种概念迁移太牵强，那我们用事实来举例。2012 年，Facebook 在纳斯达克上市。在上市之前，会计师事务所根据通用会计准则和 Facebook 的财务数据计算出的公司市值约为 63 亿美元。但 Facebook 上市当天，每股发行价 38 美元，发售 4.2 亿股，融资规模达 160 亿美元，公司市值达到 1040 亿美元。这其间 977 亿美元的差额是怎么出现的？市场为什么会认可这么巨大的公司价值差？关于这两个问题，各个行业的专家众说纷纭。但是我们在 Facebook 的对外叙述中，经常能阅读到 Facebook 的注册用户数和活跃用户数，以及用户在 Facebook 每天产生多少条动态、上传多少张图片。作为一家互联网科技公司，它的无形资产完全由数据补充，用户是 Facebook 产生数据的原体。也就是说，市场认可的 977 亿美元的差额，其实是 Facebook 既有的数据量和未来产生数据的能力。

数据资产现在还无法计入传统的财务报表，但人们并不能忽略这个事实的存在。在未来，我们一定会找到将数据资产记录在表的方法。那时候，也是数据真正获得定价和资产化的开始。

 ## 最不可替代的人和最稀缺的资源

大数据来临时，什么是最稀缺的资源？全球著名咨询公司麦肯锡给出的答案是"数据科学家"，Google 首席经济学家哈尔·范瑞安（Hal Varian）给出的答案是"统计学家"。他们都无一例外地向我们指出了大数据时代的稀缺资源：可以掌握的数据资源和分析数据的能力。哈尔还说："数据非常多且非常重要，但真正缺少的是从数据中提取价值的能力。这也就是为什么统计学家、数据库管理者和掌握机器理论的人能成为了不起的人。"动态地来看，科技的发展会让人的技能显得没有当前这么重要，机器代替人来计算已经是不可逆的潮流。考虑到大数据价值链的各个部分，并观察它们的变化和发展轨迹，我认为尽管数据收集和存储已经不是问题，但大数据的核心部分仍然集中于数据本身。

我们前文曾讲到，数据本身就是资产，而且我们也并不能穷尽数据的应用方向。这就决定了拥有数据将是一个明智的选择，而不是急于寻找应用方向。在大数据经济中，数据处在价值链的核心，一切价值派生的出发点都是数据本身。当前，我们仍处在大数据应用的早期阶段，大数据化的思维和技术是最具价值的。但随着这个过程的继续，大部分价值将回归数据本身。在未来数据的功能会进一步拓展，数据拥有者对数据资产的意识也会进一步加强。到那时，数据的价格将被推高，数据拥有者也会加强数据的管控，把他们的数据资产看得更紧。

当然，很多行业的信息已经可以向社会开放，比如气象信息、银行个人信用信息等。可以说，这些信息的共享有助于避免某些问题出现。在监管部门的要求下，这些被控制开放的信息将帮助个人和社会组织完善决策，这也是在发挥数据的参考价值。

《点球成金》是我很喜欢的一部电影，其成功包含很多因素，它讲的是奥克兰运动家棒球队总经理比利·比恩（Bill Beane）和他有着经济学背景的助手彼得，通过分析球员数据，最终获得胜利的故事。电影一开始，面对被大球队挖走的球员空缺，一堆老球探在会议室研究选新球员的事。这些老球探被冠以资深的头衔，可具有讽刺意义的是，他们在选择球员的时候完全忽视数据，过多地凭借个人感受。或许是因为多年从事球探工作的自信，也或许是因为整个行业的不理性。这个场景几乎刻画了我们每次感性判断的情景，一件看起来似乎经过严谨理性讨论的事情，实际上是在没有任何真实校准的情况下做出的错误判断。在现实生活中，类似的情况多次上演，从大学咖啡馆的小组讨论，到国家高级别的政策讨论，这种空泛的推理讨论随时都会出现。奥克兰运动家棒球队总经理比利·比恩对这种球探的探讨厌恶至极，他决定打破一直以来选择球员的传统，采用球员数据分析的方法。他相信，这些数据可以反映比赛真实的一面。在他看来，球员的动作、相貌、声音、身材都不重要，只要球员能"上垒"能"击球"就可以。最终，比利带领这支小预算的球队，获得了 2002 年美国职业棒球联盟西部赛冠军，并取得 20 场连胜的战绩。

回归数据理性，这也是大数据给我们带来的巨大贡献。这一个又一个活生生的例子促使我们运用数据做出正确决定，而不是一直以来自我感觉良好的经验。行业专家的经验都将受到统计学家所引用数据的考验，因为后者不受传统行业观念的影响，而且他们依赖的数据也被认为是唯一真实可靠的。如今，各行各业的专家已经难以自信地仅凭经验采取判断。在新闻传播方面，媒体已经开始关注网络舆情数据，寻找那些符合大众口味的新闻，而再也不仅仅简单依靠编辑的新闻敏感开展工作。

大数据先锋们通常并不来自于他们做出极大贡献的领域，他们是数据分析师、人工智能专家、数学家、统计学家或是计算机科学家。他们将大数据技能发展成为可以运用到各个领域的工具，看似他们能迅速成为各个领域的顶级专家，其实仅仅是转述了数据的建议。当然，各行各业的专家不会真的因为大数据而消失，大数据的思想在早期可能冲击了他们在各自领域的主导地位。但我们相信，大数据会逐渐变成工具，也可以被行业专家熟练运用。

在小数据时代，由于我们掌握的信息不够多也不够全面，所以依赖直觉和经验是唯一可行的办法。那些无法从书本上和别人口中得到的传授，以及长时间从事某项工作而融入潜意识里的行为习惯，在大数据来临的时候都需要数据支持。如果你是某行业的专家，这也是验证经验是否正确的方式。

第七章 ●
治理 ●

争论中的互联网治理

当今，在全世界互联网渗透日益显著的趋势下，互联网治理变革的内驱力也随着问题的增多和矛盾的加剧急速变化着。互联网治理变革的焦点，主要集中于知识产权保护、网络安全、内容监管及关键互联网资源四个方面。我们看到，带着自由主义基因出生的互联网，其开放的全球互联能力挑战了国家、挑战了边界、挑战了控制。人们长久以来保持的默契似乎在一瞬间要瓦解掉，仅仅因为一个新技术的出现。同样，我们也很欣慰地看到，每当严重冲突出现的时候，互联网灵活自由的基因属性总是能高效地找到框定条件下的解决方案。

谈到互联网治理，往往会引起多数人的反感，仿佛"治理"二字带有集权控制监管的强力含义，而面对强力和强权多数人都是反对的，这毫无疑问。但事实上，"治理"这个词本身或本章所要表达的治理的含义并未带有那么强的权力色彩，反而反映出互联网环境下中心权力空白的这一事实。在本章中，所谓的治理是指在缺少中心政治权威的情况下，互联网中相互关系方之间的合理协作和监管。其意义体现更多的是在指导和塑造，而非我们惯性思考下的集权。

互联网技术的发展催生了信息技术、通信、消费电子、娱乐四个产业的一体化融合，这种被称为"数码融合"的技术趋势，直接导致了现在巨型数字公司的蓬勃发展（尤其是对个人 C 端的数字企业，国外如 Google、Facebook，国内如 BAT 三家）。现在我们通常热衷于谈到的互联网革命，主要还是存在于个人生活方面，我们可以用互联网打电话、看直播、录音频视频、社交、查看数据库、下载电影音乐、玩游戏、购买商品……而今天的数码融合让这些原本各自独立的系统发生了相互的关系，而且这些系统各自的秩序在这种融合中也经受着巨大的挑战，由互联网发展而引起的互联网治理问题，变成了一项涉及面极广且极复杂的系统工程。

除了文章开头所说的知识产权保护、网络安全、内容监管及关键互联网资源四个焦点外，还有许多互联网政策问题，比如网络安全和网络攻击、全球垃圾邮件问题、网络社交环境问题、多种形式的用户产生内容（UGC）问题等。从以上任何一个角度出发，都会引发一场规模可观的变革，而变革中所蕴藏的巨大商业价值也是不言自明的。

本章的内容尽管以治理为主要前提，但要明白一点，在互联网环境之下，治理已经不是政府或国家的特权。比如今天的苹果、Google、亚马逊、阿里巴巴、腾讯等互联网企业，在建立起以互联网为基础的自成体系的生态之后，治理会变成其主要任务。第二章中简单谈到了规则，它应该归于治理的部分。更何况在现实社会中，政府、国家的出现是国民意志的体现。但在互联网环境之下，传统的民主已经淡化，苹果成为全球市值最大的企业，它的市值甚至高于一些中小国家的 GDP，它掌握的 IT 资源之雄厚让国家也无可奈何。如此大的集权组织的出现竟然没有人曾投过一张选票，这从传统价值观上来看确实是民主的倒退，可这也就是互联网带来的治理问题。

 # 互联网是否有罪

美国哥伦比亚大学戴维森（Davison）教授在 1983 年提出"第三人效应"（The Third-Person Effect），多数人认为大众媒介对别人的影响力较大，对自己的影响力较小。换言之，绝大多数的人会倾向于低估大众媒介对自己的影响力，高估大众媒介对别人的影响力。戴维森教授在他的文章《传播中第三人效应的作用》中这样描述这个预测假设："人们会倾向于高估大众传播对他人态度与行为的影响。更明确地说，暴露在说服信息下的阅听人会期望该说服信息对其他人的影响比对自己的影响大。而阅听人对说服信息对他人的预期影响力，可能促使他们采取某些行动。"互联网出现至今，对我们来说最重要的属性仍然是它的媒体属性。由于互联网打破了边界，以往被禁锢在角落的信息现在变得易于传播。这些信息加剧了人们的道德恐慌，也催生了人们对于互联网等新技术真实角色和其正义性的质疑。

从历史来看，人们每一次接触新技术时，都无可避免地被兴奋和恐惧的情绪所包裹。每当未知事物出现，这两种情绪总是搭配出现，对我们来说这显然是一种情绪的两面。电灯和电话发明之时，人们也曾面临同样的恐惧。大众认为，新技术会给社会带来非常巨大的变化，但回头来看很多变化根本没有发生得那么剧烈，人们平滑地度过了发生巨变的时期。事实上，人们真正恐惧的并不是技术，而更多的是对社会结构和前景的担忧，技术恐惧只是一个托词。这种人们普遍存在的担忧，会被某些利益团体所利用，他们向当局建议、施压，极力敦促监管机构对某些敏感问题表达立场。这往往会产生很多矛盾，在某种程度上也会制约或者扭曲技术的发展方向。比如我们看到，当前对互联网内容监管的呼吁声音盖过了对互联网促进内容挖掘和内容生产的讨论等。我们相信每一方都有充分的理由，但回归到技术本身，技术的发展总是利大于弊。针对新技术的讨论曾一次又一次地将我们社会和个人理解的边界向前推进，我们对伦理的理解也随着这个过程变得更加深刻。如果说这是技术带给我们的副产品，那这个副产品的价值也是极其巨大的。

我们常常会听到一种论调：暴力、性内容充斥着互联网，这些内容毒害儿童，影响社会稳定。互联网是这些有毒内容滋生的温床，互联网容忍这些内容的生产和传播，给内容生产者提供变现渠道，他们通过种种手段将这些不正当的内容掩藏在合法内容之中。监管者对于这些内容的态度非常强硬，我们在文章开头提到过，由于"第三人效应"的驱使，监管者认为不管是儿童还是成人，都会随着这些不良内容的传播，将不正常、非传统的行为变得常规化、生活化，进而影响社会的稳定，乃至动摇社会的根本。

当然事物总是有其两面性，我们也看到了另一种论调的存在。人们通过互联网接触暴力、性的内容，对人们树立积极正面的人生观和社会态度有积极意义。这怎么讲呢？比如，人们广泛地接触凶杀暴力对缓解精神压力、正确面对奇情现象有很大好处，人们可以充分理解某些极端行为的后果和反应，这便于每个人在面对类似情况的时候采取正确的选择；性的内容通过互联网的传播，也有助于人们获得对性的认识，从而帮助大家获得积极正面的性观念。

以上两种观点从各自角度出发，都表达了充分的理由。事实上，能开诚布公地讨论就是社会的进步。我认为，在将来并不是哪一种观点将另一种观点消灭，社会最终会找到一个平衡点，中和两方带来的益处。今天，我们以往观念中"性就是不好，就是堕落和糜烂的"思维惯性随着讨论的进行正在瓦解，人们也开始正确理解、客观对待与我们相伴的暴力和性的问题。比如，我们对残忍凶杀的内容就保持了抵制，首先当然是这部分内容会对人的心理产生巨大刺激，但更重要的是，诸如 ISIS 这类恐怖组织借助于互联网传播的凶杀血腥的内容，其背后所代表的是扭曲的、违背人类准则的价值观。同样的，我们对儿童色情的态度也是一贯的反对，因为保护儿童的原则未曾改变。

在互联网内容方面，当监管环境较为宽松，潜意识会促使普通人相信这是解决很多棘手问题的一个机会，而不会错误地会意为这是监管者鼓励大家作恶。我们看到在较宽松的环境下人们可以进行坦率的交流，坦率的交流会形成更多的词汇和句式，而新形成的词汇和句式是对以往模糊问题更准确的表达。比如现在我们就会坦然谈到性问题，而不是之前三缄其口所说的"那种事儿"。

事实上，通过研究我们发现，网上内容并没有极端主张者口中那么可怕或者可爱，可以说，问题与进步并存。在信息时代，尤其是新媒体发达的今天，人们由于长期的闭塞，接触到了很多以往未曾接触的直白的内容。这需要一个适应过程，可这一切来得太快、太猛烈。如果从这个角度理解，对于人们当前表现出的担忧和恐惧，我们应该准确地看成是一种善意的不知所措。

 ## 从蛮荒到制度化

在之前的章节中我们谈到过，在中国民用互联网刚刚出现的那几年（1994—1995

年），互联网上的内容少得可怜。而今天我们都知道遇事不明可以百度一下，不管这是商家的营销策略还是别的什么驱动力在作怪，上网搜索信息、上网寻找答案都已经成为一种常识存在。可以看到，在短短的十几二十年里，互联网已经走过了最初的蛮荒阶段。

我们回顾人类的发展，也可以看到类似的过程：流浪的人群，先找到一片河滩（远古水是很重要的资源），建立原始的定居点，开始狩猎和采摘，随后学会了种植和放牧，于是在定居点的周围开辟了荒地，建立了放牧场，逐渐地这里的人多起来，成为了一个小社会，慢慢地形成市镇，再由市镇逐渐发展为城市。互联网的最初起源，也在那片荒芜但肥沃的河滩。由一个非营利机构维持的维基百科（wikipedia.org）包含了数以百万的百科词条，人们打开这些词条的页面，发现里面详细地记录了这个词条的知识内容，以至于现在维基百科成为人们使用最为频繁的引用信息源。同样的成功案例在国内就是百度百科，但非常不幸的是，百度百科在成功之后的所作所为，让我们重拾了对互联网制度化的重视。在维基百科努力维护词条内容的准确性，防止被人肆意篡改、修正编辑流程的时候，百度百科推出了企业百科和百科页面广告。百度百科一方面表现出对词条准确性的极力维护，阻挠个人用户修改编纂词条（个人用户编辑词条需要参考链接，且何为可参考的链接并没有明确标准）；另一方面利用百度的搜索入口效应，把百度百科变成网络信用名片，有编辑词条能力的人将其变为牟利工具，一时间大量所谓的百科名家、百科大师、百科品牌破土而生。从百科这样的网络产品出发，我们比较双方的治理能力。当然也有人会质疑，一家非营利基金维持的维基百科和由上市公司维持的百度百科，其本来的出发点就是不同的。这当然没错，但我们谈论的是治理能力而非赢利能力，或者赢利是对或错。事实上，没有人对商业公司要赢利这个事情有异议，但是对比维基百科和百度百科我们不难看出，百度百科非透明式的方式恰恰表现了前现代性的一些主要特征。正因如此，百度的治理能力需要改进。

互联网治理的制度化进程是要扭转一些看似微小但事关结构的细节，比如如何实现从非正式到正式的联合、如何从松散的依赖共识的合作到有约束力的合作等。这是一个潜规则逐渐代替规则、完善的制度逐渐代替灵活的人情的过程。当然，这并不是一边倒的极端倾向，制度化只是希望各参与者能接受某种规范和惯例，并确保这些既定的规则有某种强制性实施的保证。这一过程需要逐渐地完善，也同任何政治博弈或市场博弈模型类似——找到某种精巧的平衡。

 # IP：互联网协议和知识产权

文特·瑟夫，这个与罗伯特·卡恩设计了 TCP/IP 协议及互联网基础体系结构的可爱的老头，在他的 T 恤上写了这样一句话：IP is everything（IP 就是一切）！对被称为"互联网之父"的文特·瑟夫来说，IP 意味着互联网协议（Internet protocol）和他对未来互联网的所有想象，"IP is everything"是他对未来的宣言；而对于知识产权律师，或者一个小说家、设计师或者漫画作者来说，IP 是另一个东西的首字母缩写：知识产权（intellectual property）。它们二者在出现了很长一段时间后都局限在各自的领域中，没有任何交集，直到互联网出现它们才被强行拽到了一起。如此一来，二者的碰撞激荡出整个互联网世界的第一个争夺点。

在互联网来临的时候，知识产权（IP）就已经不是个冷冰冰的法律概念。我们所看到的几乎所有的流行元素都可以称作是 IP，比如一本漫画、一篇小说、一个手绘形象、一幅绘画、一句流行语、一款游戏、一个电视节目等，都是一个 IP。但我们今天经常谈到的 IP 是这些内容知识产权中的一小部分，是那些有一定社会影响力、经过层层筛选被大家喜爱的。只有这样的 IP 才有持有和交易的意义，因为这涉及创作和受众兴趣问题，偶然性很大，无法批量生产，所以一个有价值的 IP 才会受到那么强烈的追捧。

在互联网经济的催生下，只要掌握了一个知识产权，就可以将其改编和延伸。成功的例子不胜枚举，《古墓丽影》《生化危机》被从游戏改编成电影；20 世纪福克斯收购漫威漫画，将无数的漫画形象改编成电影等。大型科技企业和传媒集团如今都非常热衷于争夺 IP，因为作为重要原料，IP 通过他们的商业机器的加工可以变成大笔的利润。

将知识产权搬到互联网上并非难事，但要两者受到原有的尊重对待却是不可能。因为互联网本身的属性中存在着固有的矛盾：①互联网极大地促进了互联互通和信息共享；②被互联互通和共享的数字内容需要知识产权保护。广义地讲，著作权、版权等知识产权仍是物权的范围，这种物权又兼具一定的可复制性和可传播性。尽管如此，知识产权长久以来都是需要边界的，比如歌曲的分渠道授权，花一部分钱拿到网络播出的授权，或者电视播出的授权，或者电台播出的授权；也可以分区域授权，如仅中国大陆授权，中国包括港澳台授权，亚洲授权，或者全球授权。知识产权可以排他性地从授权中获得收益，这是知识产权进行交易的基础。在以往，政府通过制定法律保护了这种边界的存在，但互联网的复制和传播能力极大地挑战了这一点。

互联网知识产权的问题长期以来没有得到人们的重视，直至最近几年人们才清醒地看到这个问题的严重性。互联网是一个传播效率极高且覆盖全球的巨大机器，它的每一次传播都伴有一次完美复制，"信息一旦上网就再也不会消失"说的就是这个道理。除此之外，还有专利保护问题，法律如何认定未经同意使用的专利成果是分享还是窃取。互联网就是这样，它挑战了我们原有的观念和法律常识。如果今天我手写完一本小说，并企图将它出售给一个出版商，我会拿着书稿去跟出版商交易，交易成功后，我失去了书稿，出版商得到了书稿；但如果今天我的书稿是电子文本，我与出版商通过电子邮件交易，而打通这个传输的计算机、服务器、路由器都可能随机地在存储器中复制这个文本，如果这个复制的文本被截获，那法律怎么来保护这个书稿的产权呢？这就是难题所在。我们面对的情况是，财产在我们不知情甚至没有从手上消失的情况下，就在全世界范围内被复制了千万次，其成本几乎为零，但利润巨大。也就是说，数字化使得我们依赖了很多年的著作权法律变得无能为力。在过去的十几年中，复制文化和烧制文化流行起来，我们在感慨互联网给我们带来了知识产权保护的难题的同时，惊讶于复制和烧制竟然能成为流行文化，人性不劳而获的一面被便捷地分享工具激发出来。这后来可能产生更大的影响，造成严重的后果，那就是对人类进步和探索的积极性的挫伤。

当然，面对挑战我们也并非要坐以待毙。1998年，美国通过了具有历史意义的《数字千年版权法案》（Digital Millennium Copyright Act，DMCA）。《数字千年版权法案》尽管给予了长期饱受权益侵害的著作权所有者以保护，但也向互联网服务提供商（ISP）和自由分享主义者做出了让步（具体情况可以搜索法案相关内容）。总之我们看到了进步，互联网时代，知识产权的分享和保护终于有了第一个调停人。近年来，中国的网络知识产权保护也取得了很大进步，大家再也不能肆无忌惮地从网上下载盗版音乐和盗版电影了，各大网络公司也规规矩矩地向著作权所有人交版权费了。

复杂的故事总不会那么快就结束，互联网公开分享知识产权被种种新规遏制之后，点对点的文件分享形式成为另一个双方争夺的焦点。点对点的信息分享更夸张地体现出人在互联网环境下的组织协同能力，尽管这更多的是由互联网的易用连接性所导致。这种点对点的信息分享，比之前的公开分享形式规模更大、覆盖范围更广。信息内容从最初的文本，到新闻和视频短片，再到音乐（对音乐行业产生了极大的破坏），最后扩展到影视、游戏等全部文化娱乐产业的产品中。其中著名的案例是美国唱片业协会（RIAA）起诉 Napster 音乐侵权的判例，Napster 最终被判辅助与代理侵权罪；Napster 在日后的上诉也被法院驳回，且在全球的服务器被强行关闭。Napster 给音乐行业惹了不小的麻烦，尽管它后来被告倒，但它帮诸多的点对点网络分享发烧友打开了想象的空间。在随后很短的时间内，像 Grokster、BT、KaZaA、电驴，还有中国的迅雷等点对点分享软件如雨后春笋般成长起来。英国唱片业协会（BPI）、美国唱片业协会（RIAA）以及其他的著作权利益集团在全球发起了多起针对点对点分享服务提供商的诉讼，他们中的激进意见者希望法院颁布禁令，以禁止点对点技术的使用，毫无疑问这是釜底抽薪的好方法。在 20世纪 80 年代后期，电影产业利益集团也做过类似的努力：禁止家用录像机的销售，但很遗憾没能实现。尽管著作权利益集团是权益受害者，但禁止点对点技术和禁止家用录像机一样是有违法律公平正义原则的。所以毫无悬念，他们的这一动议没有得到法院的支持。最后案件的结果是，那几家被起诉的点对点分享服务提供商被关闭并交罚款。但是从整体上来说，知识产权利益集团输了案子，因为他们已经无法阻止点对点分享服务的发展势头。

在互联网知识产权保护方面有太多的挣扎，其主要原因就是二者边界和无界的矛盾。同样也正是由于这种根深蒂固的矛盾，才能让网络治理的变革迸发出那么巨大的动力，也才使得我们能从这个争论的焦点中探寻出未来网络治理的途径。

直到此刻我们才会注意安全

　　互联网安全问题在 2014 年成为最受人瞩目的焦点，这并不是因为在 2014 年之前的互联网都是安全的，而是因为互联网发展到现在，原来不安全的互联网环境已经威胁到了人的切身利益（生命和财产）。英国两位研究人员入侵 Jeep 大切诺基的车载电子系统的尝试成功，早些年黑客可以通过无线电篡改邮轮航行的坐标参数使之偏离航向，黑客可以制造交通混乱、清空你的银行账户、监视你的一言一行。在电影《虎胆龙威4》中，恐怖分子通过控制网络使一个国家瘫痪的极端局面，在今天看来越来越不像编剧的无理猜测。

　　网络安全在今天的语言环境下，与其说是一种现象，不如说是一个主张和口号。因为互联网在设计之初缺乏安全意识已经是公开的秘密，世界上也完全不存在没有漏洞的系统。网络安全代表的是开放自由的互联网的阴暗面，是我们不得不面对的互联网的发展问题。当前，网络安全涵盖了一系列可以独立存在，但也应该合计研究的问题，包括网络病毒、钓鱼网站、垃圾邮件、僵尸网络等，其中的行为有非法入侵他人网络、非法窃取他人信息、资料和财物、通过网络协议操作系统等系统漏洞实施非法操作等。这些现象和行为严重威胁着网络使用者和依赖网络维持的系统的安全，当然这并不是全部。

　　网络安全的范围很广，其含义的外延也很宽泛。网络安全概念的提出在很大程度上借鉴了政治领域安全的含义（政治领域安全的涵盖范围也极广），这也就是网络"安全"在一开始就有这么大的涵盖面，且意义不断延伸的原因。"安全"这个词能将网络和国家政治军事安全联系到一起，也得益于最早之前的概念借用。但这并不是空穴来风和危言耸听，2007 年针对爱沙尼亚政府网站和公共网络的攻击就足以说明我们面临的复杂网络安全局面。通过计算机和全球覆盖的国际互联网，不仅打通了世界激励了创新和自由，同样也滋生了基于网络的侵害和组织犯罪。有的研究人员认为，如果网络安全环境一再加剧，那么刚刚被建立起来的开放自由的网络世界可能被迫退回到束缚和控制的时代。

不安全的网络环境催生了网络犯罪的发生，网络犯罪（cybercrime）是区别于传统意义上的物理犯罪（physical crime）的一种犯罪形式。网络犯罪是发生在虚拟的基于比特建立起来的网络环境中的，而物理犯罪是发生在物理空间中的，即受害者和侵害者在犯罪行为发生之时一定有某种物理接触（身体接触）。物理犯罪的规模是有限的，由于有物理接触，嫌疑人的范围也可以划定。在谋划实施犯罪时，物理和时间是犯罪人最大的限制所在，也就是通常案件侦破中都会提到的"不在场证据""犯罪时间"。但网络犯罪的全时空和非基础性让物理和时间也无法限制犯罪人实施犯罪，这就好比一个劫匪同一时间只能抢劫一家便利店，如果同一时间另一家便利店被抢劫，那绝对不会是这个劫匪所为。但在网络犯罪中就完全失控了，因为一个黑客同一时间可以入侵几十万个银行账户，而且他可以在世界上任何一个能接入网络的地方实施，可以是山间别墅，也可以是城市网吧，或者是公共图书馆。在网络普及的今天，几乎任何一个地方都可以成为黑客实施犯罪的场所。根据传统物理犯罪建立起来的打击体系在遭遇网络犯罪时显得力量不足，首先，传统的司法管辖是分区域进行的，网络打破了疆域限制，跨辖区打击犯罪的成本又很高昂。比如前几年极其猖獗的电话诈骗，侦察部门通过调取电信后台资料发现，诈骗电话大部分来自国际端口，犯罪人所在地是中国台湾、东南亚等地，跨地域打击犯罪的高昂成本就成了犯罪分子的第一道屏障。其次，网络犯罪和物理犯罪二者之间并不存在任何替代关系，也就是说网络犯罪的增加并没有伴随物理犯罪的减少，而是在传统犯罪之上为司法机关平添的新任务。

最近几年面对网络犯罪，我们看到的不是职能部门的无所作为，更多的却是以网络安全为名义在个人隐私、监视、数据保护等领域过多的干涉，即政府在切实加强维护自己在网络上的控制地位。法律在此方面稍显无力，就操作层面而言，以政府的能力掌握所需的权限和网络资源是有保证的，对于更全面的监控的限制因素多数来自于技术而非法律。"9·11"事件后，美国在保证国家安全方面对网络展开了大规模的监控。这里的网络不仅仅指互联网，还包括金融网和各种通信网。直到"斯诺登"事件爆发，美国人民对于大规模网络监控的耐心才被无情的事实耗尽。美国国土安全部（NSA）通过与电信运营商的合作，对国内外传真、电话、互联网通信进行了地毯式的监听监控。我们毫不怀疑曾经遭受过那么严重恐怖袭击的国家对保护国家和公民安全的决心，但似乎美国政府在一开始就过于强化自己监管者的地位，而这一强化过程挑战了宪法对于公民自由的定义。

网络安全的核心问题只有一个：互联网上的身份（identity）问题。解决这一问题就是解决涉及用户身份及行为验证的所有问题。所以这是一项复杂的系统工程，需要在身份鉴定者、被鉴定个人和机构、组织和组织之间的认证联系。这绝非只需要找到一种所谓的"身份管理解决方法"即可的容易事。

网络安全被重视，是因为网络安全与网络犯罪紧密关联。控制犯罪是社会治理的重要内容，传统社会的三大问题（教育、医疗、就业）都会反映出犯罪这一矛盾。网络安全今天被提到不仅仅因为有变换花样的网络犯罪手段威胁我们的生命和财产安全，更是因为这是塑造和决定互联网是秩序还是混乱的关键时期。我们以有限的经验就可以想象到，一旦混乱局面形成，往后的治理将会经历一个痛苦的顾及不暇的过程，然后任何长远的规划都会被搁置，层出不穷的问题将延缓所有计划的执行进度。这是我们不想看到的，因为我们不希望发展至今的互联网在我们缺乏治理的情况下走向混乱的衰落。

不该看的不看

互联网对人类社会的一个重要贡献是打破了政府对于媒体内容的管制。互联网鼓励了自由意志主义者的主张，"禁止事先限制"的原则随着自由的风潮被传播到了全世界。《国语·周语上》讲：防民之口，甚于防川。中国作为一个政治治理经验贯彻整个文明史的国家，对于言论的警惕高于全球任何一个地区政府。因为对于一个超大型国家而言，所有管控和治理的前提都是要维护国家根本利益，而非少数人私利。事实上，中国在这方面的表现也证明了这一点。民主国家和独裁国家在这一点上并没有什么区别，反而在细节方面区别明显。比如在美国并没有规定纳粹主义和种族主义是被禁止的言论，但在德国、法国、比利时、奥地利、波兰等欧洲国家却是被严格禁止的。互联网尽管连接全球，但仍需要服从当地的禁忌和规定。

言论只是互联网内容管制的一个引人注意的侧面，因为这涉及传统社会的管制最为严格的部分：内容服务、思想和言论流动。如果互联网的出现让我们从内容管制一步跨到了完全开放，而今天又认为国家对互联网的内容管制是严重的倒退，那可能会产生严重的互联网治理风险。从有限的历史经验来开，完全颠覆的改革过程往往会产生巨大的社会成本，而渐进式的改良会好很多，今天的内容管制就是在重走改良路而非倒退。之前天真的冒进已经显现出很多问题，比如 ISIS 通过互联网宣传在全球招募志愿者，近期我国在边防上部署了力量，拦截了很多去往叙利亚投奔 ISIS 的"志愿者"。在所谓的失败国家和地区是最容易滋生极端恐怖主义的，而这是与人类既有秩序形成最大反差的部分。通过内容加工进行意识形态传播，炮制所谓的正义性，这对于民众的影响是巨大的。中国的网络管制是参看整个环境的一个观察点，我们不应该扭曲地认为中国的管制是一种现代的压迫形式，事实上互联网管制在世界的其他地方也是广泛存在的现象。

我们正在面对的问题，是一个两难的僵局悖论：是摧毁互联网最为宝贵的特征——国际互联性，对互联网通信系统化地进行国界划分；还是发展一个跨国范围的内容管制系统，以共识和习惯的方式自主协调，但任由某些邪恶自由穿行。当然，也可能是陷入两者之间的混乱之中。可以想见的是，无论我们选择哪一方，都无法维持互联网的自由、活力和蓬勃发展。

内容生成方式的互联网化是内容管制的主要对象，在内容审查、分类、管理的产业化等方面需要做大量工作，尽管这一发展显得有些滞后，但已经给人们留下了深刻的印象。互联网治理的行动者参照原有出版商特许经营的管制方法，采取了阻止访问的"过滤访问"制度，也就是常说的"黑名单"制度。但在实施的过程中，全世界各国发现这一制度存在着几个严重的问题，比如黑名单对透明性和程序正义原则的挑战；黑名单的过度拦截现象；黑名单常常出现超出本国领土的过度影响等。

互联网内容审查管制的重点对象是妇女、未成年人等弱势群体和少数组群。就未成年人保护来说，很多不适合未成年人阅览的黄暴内容对儿童成长是极其不利的，还有很多侵害儿童的网络内容煽动并诱发了很多儿童侵害案件的发生，而且这两者会互相促进——由儿童侵害案件开始促发类似内容的传播，内容的广泛传播更加促进儿童侵害案件的发生。曾经有一段时间在全国各地发生多起针对儿童的侵害案件，且随着新闻媒体大幅报道类似案件越来越多，于是新闻主管部门迅速下发通知要求媒体减少对这类案件的报道。类似这样的内容审查管制，在倡导开放的人看来是对自由的损害；但如果能更多地保护到被侵害人群，就完全可以暂时搁置所谓的自由主义。

最终，我们认为国家及网络运营商应扮演看门人的角色，面对那些真正被认为是违法的内容时，严格管制获取或制造这些内容的行为，但前提之一是明确违法内容的边界和范围。模糊化的描述或者任何欠精确的定义都将被认为是对公民权利的制度性限制，应该谨慎研究。

 # 关键互联网资源（CIR）的国际争端

美国最近宣布，将放弃持有 40 年的域名管辖权。域名就是关键互联网资源的一种。针对关键互联网资源（CIR），联合国互联网治理工作小组报告给出的定义为：对域名系统以及互联网协议地址的治理……对根服务器系统、技术标准、对等操作、互联、通信基础设置及多语化的治理。涉及对国际互联网标准、域名、IP 地址以及网络服务商互联及路由协定的治理问题，其中名称即数字地址资源被认为是能影响全球互联网的少数几个关键点之一。

值得一提的是当前对以上关键互联网资源有话语权的组织，如互联网工程任务组、互联网协会、区域互联网注册机构等组织，是具有非官方且跨国属性的，其组织形式更像是一种社群组织。这种互联网技术社群横跨在非营利机构和商业公司之间，界限是非常模糊的，比如其中的很多参与者可能来自于大学的或非营利研究机构，同样也有很多参与者是来自于像 IBM、思科这样的商业公司的职业人。很有趣的是，互联网这种开放自由的属性也蔓延到了这些互联网国际协调机构中。这其中暗含的是互联网一次重大的权力转变，以往在治理层面的政策和方法都是由国家出面制定和执行的，现在这方面的权力已经明显转移向非国家组织，并且由以往封闭的议事流程转向更加开放和公众参与的形态。

关键互联网资源主要有：地址资源（IP）、域名资源、路由能力。

IP 资源是我国最稀缺的互联网资源，当前使用的 IPv4 标准制定于 1981 年，是一个由 32 位地址组成的固定地址域，理论上总共有 40 亿个不重复的地址。IPv4 标准的地址由于缺乏合理的利用，现在已经濒临枯竭；加之我们国家分配到的 IP 资源本来就很少，所以我们的 IP 资源尤为稀缺。在我国北方的一些城市，一个规模上千人的社区可能只能分配到 2～3 个 IP 地址，即数百户家庭公用。而在美国，就不会这么窘迫，几乎每个联网的家庭都有一个 IP 地址，由此可见地址资源国际分配的不公平。为了解决地址稀缺的问题，IPv6 标准被推出，理论上 IPv6 的地址空间可以容纳 2^{128} 个地址。尽管 IPv6 可以解决容量问题，但是从 IPv4 向 IPv6 过渡还需要大量工作，或许我们需要面临 IPv4 网络和 IPv6 网络长期共存的局面。

与 IP 地址相比较，域名资源的优先级要低很多，域名服务现在已经是一个很大的产业。到 2014 年，全球大概有 2.9 亿个注册域名，并保持每年以 7%～10% 的速度增长，这个产业每年大约有 50 亿美元的产值。对这方面的治理，主要围绕产业监督者的角度进行，其政策涉及技术和操作安全以及域名系统的稳定性等。2010 年百度位于美国的域名服务器被黑客篡改，导致百度无法登录，这是国内公众第一次大规模认识域名系统安全问题的危害。

2008 年，巴基斯坦国家通信管理局根据政府审查令，向国内互联网服务商发出阻止 YouTube 访问的路由通告（route announcement）。可万万没想到，这则路由通告却被发向了全世界，由于其他互联网服务商也收到了这一路由通告，导致 YouTube 在全球范围内的访问都被阻止了。可以说，这个事故是当前路由安全议题中的重要案例。在互联网上通信依赖两种能力：①主机识别能力（识别 IP 地址）；②识别主机之间的路由能力。这两种能力，缺失任何一种都会导致网络事故。尽管互联网服务提供商制定了相互之间的网关协议，而且运行效果也基本良好，但是互联网路由系统的安全隐患至今还未完全消除，成体系的认证办法仍在研究当中。

当前涉及互联网的问题都是全球性的问题，需要多边的合作和对话。关键互联网资源在信息化社会中成为各国争相竞争的核心资源，这严重牵制了某一国家发展互联网的能力以及安全性。从操作层面来讲，这也是互联网治理的重要任务所在。

 ## 捍卫公共利益

世界上不存在一个系统既服务于公众又服务于个人，互联网也不例外。互联网是由公共机构出于非商业的目的发明出来的，而且互联网的基础也依然是以自由开放的标准存在着。但是至今为止，互联网的核心资源已经基本私有化。纵观历次的产业革命，我们看到了一条清晰的自然路径：从发明到推广，到普及，再到规制。蒸汽时代的巨头可能已经不在了，但第二次工业革命时期的巨头还在，比如从爱迪生发明灯泡，一路走到现在的巨头通用电气；从生产出世界上第一部汽车，发展至今的梅赛德斯 - 奔驰；从第一部电话的发明，到芝加哥、纽约第一根电话线的畅通，再到现在的 AT&T 公司。从技术开始引领人类社会起，这个既定的技术逻辑一直牢牢把握着世界发展的节奏，从一个天才的个人爱好，到一个伟大的发明；从时尚光鲜的玩意，到改变世界的生产力工具；从一个自由开放的松散族群，到一个个林立森严的巨型公司。系统从自由开放走向管制封闭，黑格尔曾立场鲜明地表达过"所有伟大的历史事件总是会重复出现"，这是经过历史反复验证的司空见惯的过程。互联网从发明出来到现在，一直遵循着这条自然路径：革命性创新——商品化、商业化——创造性乱局——治理和规制。技术的开发演进过程，就是一条从蛮荒到混乱最终到驯化的路。

严格捍卫互联网自由的人认为，自由和开放是写进协议里的，这是互联网的基因，是不容触碰的红线。这似乎带着某种决定论的看法，对于技术演化无法产生任何指导价值，就互联网本身而言只会加速混乱。但是当我们跳出互联网这个单一的视角，观察所有技术革命带来的人类进步时，最终的归宿永远是被驯化之后的和平共处。互联网治理不是只提出一些既定事实并流露出伤感的无可奈何，而是要对诸如代码环境恶化、个人隐私保护、信息安全、软件过滤审查、互联网内容监管等问题领域进行有效的规制。决定论的主体是上帝的意志，是不容改变的自然现象；而互联网与这些根本不沾边，只是人为的。

互联网不是超验对象，而是一个人造的环境，是由无数的人依据自己的愿景共同搭建的人造世界，每个人的贡献并没有那么重要。因为这不足以决定互联网成为今天的样子，但互联网今天的样子是由这些细小的贡献堆积而成的。也就是说，互联网的发展没有遵循任何既定的规划，也不知道将来要向何处去；互联网只接受未来的检验，如果未来认为互联网是一个阻碍，那互联网就会遭到无情的抛弃。在互联网治理的论断上，认为国家会边界分明地将互联网控制起来的人是错误的；认为国家治理会主动退出任由互联网自行发展的人也是错误的。因为未来是什么我们并不知道，没有什么情况是必然发生的，这就是中国当前很难接受的那一点：在没有强大理论作为先驱指导的情况下，如何发展（前有撰文，不再详述）。

如果我们认定互联网的存在是要满足公众利益的（事实上没人会反对这一点，不管是从合法性出发还是从道德角度出发），那么我们就需要建立一套机制来保证公众在使用互联网上的权益。一些巨头把持了互联网资源，使互联网的自由开放和去中心化的趋势受到了威胁。当人们逐渐认识到这一点的时候，向政府和国家寻求支持是最好的选择，毕竟政府的建立是遵从了公民意愿的，体现了制度上的民主。在这一点上，互联网巨头们至少是缺乏合法性的。

当前的局面与其说是混乱，不如说是一种复杂纠缠的冲突，其中有利益的冲突、观念的冲突、意识形态的冲突等。哈佛大学互联网和国际法教授乔纳森·斯特林在他的著作《The Future of the Internet–And How to Stop It》号召规制者应该表现出更积极的姿态，他说，"人们之间善意的慷慨大度无法解决冲突"。互联网再也不是时尚的新鲜玩意，而是实实在在存在的渗透到我们生活中的必要元素，是另一个世界的存在形式。如果我们希望互联网不被未来抛弃，就要对其进行治理和规制，当然这在开始时是痛苦的，需要我们更多的理解和担当。长远地看，这不是对巨型企业、政府或权力者的顺从，而是对特殊利益集团扭曲损害公众在互联网上权益的制止。

"ISIS成员行动安全手册"与网络治理边界的探讨

2015年，美军截获了ISIS（伊斯兰国）的成员"行动安全手册"。如果这不是定向发给ISIS成员的一本手册，那么就是一本基本完善的"安全上网"指导说明。如今网络安全跟反恐对立起来，不久之前美国联邦调查局要求苹果公司为其强行破解一部嫌犯的iPhone5C手机事件余温未了。以ISIS为代表的恐怖组织通过社交网络进行全球志愿者招募，本来的互联网乌托邦变成了威胁世界安全的恐怖主义的帮凶。当然，我们无法逮捕互联网，也无法审判它。事实上，我们也不需要对互联网本身进行太多结构化的改造。从一开始，互联网中人与人的关系就是对等的。发展至今，只要在互联网环境中，这种对等的关系就依然存在，不管你是个人还是国家强力部门。

下面，我们将从两个方面对互联网的规管进行没有结果的探讨。

（1）安全上网问题；

（2）网络不良行为治理的边界问题。

首先我们进入第一个话题：安全上网问题。看似多余的手册第一句话"当你通过浏览器进入Twitter的时候，请确保域名正确，为twitter.com"，是我们上网过程中长时间忽略的一个安全问题，仿站和钓鱼网站通常会完全复制原网站的外观以实施诈骗。在几年前我们通过浏览器进入一家网站，如果不注意域名的话，很容易被钓鱼网站诈骗。钓鱼网站可以套取你的用户名和密码，可以直接利用你对原本网站的信任来欺骗你直接消费。前几年，经常有消费者被廉价机票钓鱼网站诈骗。当然如果域名正确，就能确保不被诈骗了吗？也不一定。手册第一句话后面跟着说明了加密链接的概念，在地址栏最前方有"HTTPS字样或绿色的标签"。以往，不加密的域名可以被错误引导到别的网站服务器，这被称为劫持。有加密链接的网站域名是不能被劫持的，这也就保证了只要域名填写正确，用户所打开的网站就是正确的网站。在几年前淘宝客刚刚兴起的时候，很多三四线城市如雨后春笋般出现了一大批流量巨大的淘宝客商家。淘宝客的设计原理想必读者都清楚，就是通过介绍购买赚取佣金。淘宝的广告系统"阿里妈妈"会给每一个淘宝客一个特定的 ID 字串，所有带这个 ID 字串的链接都会被系统记录为是这位淘宝客的业绩，"阿里妈妈"会给淘宝客返佣金。在很多三四线城市，电信运营商管理制度还未建立完善，很多电信运营商内部的工作人员就会劫持其管辖区域的淘宝流量。在这个区域内，每一个登录淘宝购物的用户都会经他的淘宝客链接跳转，这样只要是本区域的淘宝交易他就都能收到佣金。一个区域可能有几万到几十万户居民，可以想象这个交易量是非常大的。同样的原理还可以并行到其他电商网站，比如京东、当当、亚马逊、苏宁等，此工作人员就通过域名劫持悄无声息地成为该区域最大的淘宝客。国内某些浏览器在早期也曾进行过域名劫持，经营类淘宝客业务也给特定网站导流赚取流量费。这里就不点名了，大家懂的。

ISIS 告诫其成员安全上网最需要重视的是链接，"ISIS 成员行动安全手册"将链接的一系列陷阱都列了出来。排在第二位的，是个人信息保密问题。手册后面的部分几乎都在强调信息安全，包括手机照片删除和伪造地理信息元数据问题、手机 GSM 网络和通话安全问题、安全接入移动网络问题等。手册中还详细介绍了很多推荐使用的工具，包括大名鼎鼎的洋葱浏览器 Tor、德国生产的加密信息手机、硬件加密工具、加密通信的邮件客户端、加密通信的即时聊天工具等。这些避免在网上暴露自己个人信息的行为，对我们每一个人来说都有参考意义。互联网是一个权利对等的空间，只要掌握一定的计算机网络技术，每个人都有相同操作权限。ISIS 成员是为了躲避反恐机构的追踪和调查，尽管我们普通人并不准备从事违法的勾当，但也要躲避很多以获取我们个人信息为主要手段的不法分子的追踪。当然，一方面，网络监管当局要加强安全建设；另一方面，我们个人的防护意识也应该相应地加强。比如在手册中提到的，不要用相同的 ID 登录不同的网站，争取每一个网站使用不同的 ID，以避免某些防护不强的网站被黑客攻破后，用泄露的账户信息通行窃走你所有的网络资产。我们中国人普遍缺乏隐私意识，网络信息属于隐私应该得到保护。但当前的法律法规并没有对此制定强力的保护措施，导致很多个人信息泄露的事件发生，给当事人造成了很重大的影响。比如前些年聒噪的"艳照门"，如果当事人加强了硬盘的加密防护，我想这个事情是可以避免的，当事的几位艺人也不会遭受那么强烈且长时间的议论。我们每个人都有一些不需要被公开的小秘密，有的是个人的爱好，有的是生活的情趣，这是个人行为，无所谓对错。我很想向喜欢网络聊天的情侣们推荐手册中推介的点对点加密工具，比如 iMessage 和 FaceTime 服务。这种点对点加密的即时通信工具，不会将情侣之间的事情泄露出去。众所周知，非加密的即时通信工具是网络色情内容的重要来源，另一个重要来源是未加密的网络云盘。这都是网络安全中保护自己的重要部分，在此并不想穷举，事实上也做不到，只希望能引起大家重视，在每次上网行为中保持安全意识。

网络不良行为治理的边界问题，在当前仍是一个正在被社会热议的话题。既然是由"ISIS 成员行动安全手册"引发的思考，我们首先想到的就是恐怖主义通过互联网的传播是否应该由强力部门出面加以遏制。这当然是个伪命题，答案永远是肯定的，因为恐怖主义威胁着人类社会的基础。但我想说的是，在强力部门遏制恐怖主义互联网传播的同时，有没有可能将这种遏制行为扩大化，进而影响到互联网环境的自由和民主？在民主国家，民主的成果来之不易，各个阶层对于有可能伤害民主基础的任何行为都显得极为警惕，这就是为什么我们在文章开头提到美国联邦调查局要求苹果公司为其破解嫌犯手机的事件会引起那么强烈的社会反应。美国联邦调查局局长詹姆斯·科米在布鲁金斯学会 2014 年 10 月的讲话中指出：

加密不只是一个技术特征，更是一个营销策略。但是，这对执法部门和国家安全机构会产生严重的后果。罪犯会利用这些先进的手段逃避检测。这相当于是一个不能被打开的密室，无法破解的保险箱。我的问题是：我们将为此付出何种代价？

黑客们将利用他们发现的漏洞。但这更重要的意义是在设计阶段就开发相应的拦截方案，而不是当执法者需要知道真相时采取大动干戈的手段强行撬开"保险箱"。

詹姆斯·科米口中的"在设计阶段开发相应的拦截方案"指的就是一套专门为政府和执法者开设的后门系统，这套系统的算法是独立于用户密码的。也就是说，联邦调查局要求苹果为其制作一把"万能钥匙"。尽管我们很理解詹姆斯·科米作为执法者立场所作出的以上阐述，加密系统有碍执法者第一时间获取犯罪证据，延缓了案件侦破事件，但很遗憾，迄今为止联邦调查局的"万能钥匙"计划仍未能通过美国国会的审议。

从逻辑角度分析，如果存在"万能钥匙"，就意味着所有的系统都可以被解开。事实上"万能钥匙"也是一个系统，并不是我们实际意义上的钥匙。如果真的按联邦调查局的要求实施了"万能钥匙"计划,"万能钥匙"又将由哪个加密系统进行保护呢?如果不能确保"万能钥匙"的安全,就意味着所有系统都将处于极其危险的境地。以往网络犯罪分子需要一个一个攻破网络防火墙,现在他们只需要打破一个就可以控制全世界的联网系统。到时候,包括个人信息、商业情报、分类信息等在内的所有支撑整个社会经济的核心数据将被黑客获取。尽管以联邦调查局为代表的执法者直言不讳他们对"万能钥匙"的渴望,但这根本不是一个可以妥协的问题,因为这是在制造网络空间的"核武器"。

尽管"万能钥匙"这种可以触及安全机制根本的后门程序是完全不可取的,但留给网络监管者的"常规武器"还有很多,况且我们还有人类社会发展至今几乎是最棒的发明——法律。有一个经典的研究,一个对比组被要求穿上反社会组织的服装,这组人模拟反社会状态,比如他们被要求穿上3K党白色宽大的袍子并戴上头巾;另一个对比组穿上亲社会组织的服装,这组人模拟亲和社会的状态,比如他们被要求穿上同样是白色的医生制服——白大褂。对比后,穿3K党长袍的人会表现得更加反社会,穿医生白大褂的人会表现得更加亲近社会。实验表明,人会受到场景和服装所代表的社会暗示的影响。还有一个著名的实验"路西法效应实验"也能很好地证明,人在受到环境影响时,其个人意识很薄弱。根据这些理论,我们认为负面文化的网站会产生更多的敌对评论、网络论战、个人攻击等网络不良行为;积极文化的网站会催生更多正面积极的网络行为。从这些思考出发,我们很明显地能感受到现实政府管理对网络治理的一些启示。在现实中,防止敌意的大规模游行集会是保持局势稳定的重要措施。那么反映在网络上,我们可以通过减少负面文化的网站和人群发生互相联系,以此来减少网络不良行为的发生、传播和对人们的暗示。

从网络治理角度来说,我们应该特别注意不可将针对个别的威胁扩大为对整个网络环境的威胁。我们以恐怖主义为例,恐怖主义的威胁不在于一次自杀式袭击能损伤多少人,对袭击国造成多么巨大的直接损失。恐怖主义威胁的是我们的生活方式和社会基础,在最近一次巴黎恐怖袭击中我们看得很明显。恐怖袭击者选中的是最具巴黎气质的街道,他们希望通过这次袭击让人们对他们生活的环境和价值观产生怀疑。如果监管当局也因为这样的案件扩大了警戒力度,通过我们的紧急状态改变自己原有的生活方式,我相信这种由恐怖袭击带来的副作用会帮助恐怖组织扩大战果。

如今互联网已经构成了一个线上的世界，对互联网的治理如同我们对真实社会的治理一样，需要谨慎和智慧。我们应该永远分清少数和多数的区别、局部和全局的区别，更多地将我们现实社会的治理经验用于网络治理，依据网络环境的特殊之处重新审视社会和个人的天性与弱点。

第八章 ●

争夺 ●

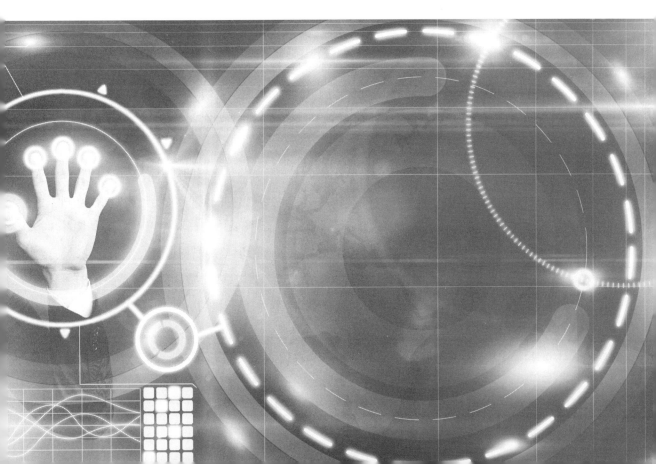

人类改造计划的路线之争

　　曾经有一个酷爱超级英雄电影的小朋友问我："为什么钢铁侠和绿巨人是一拨的，他们有时候还要打来打去？"我只能用一些很奇怪的答案搪塞他，比如绿巨人很丑很自卑之类的。这个问题之所以跟一个小孩子讲不清楚，是因为它确实触及了一个核心问题，那就是人类在实现自己能力延伸时的选择问题。

　　在莱特兄弟发明飞机以前，人类无数次地想要获得飞翔的能力，多数人的尝试是给自己安上像鸟一样的翅膀，然后用上臂的挥动提供动力。但这往往不可行，直到莱特兄弟以汽油机引擎驱动的飞机的发明，人们才恍然明白：飞上天不一定要长得像鸟。飞行的问题解决了，但并不意味着仿生思想的退却，跑得快不一定长得像猎豹、会潜水不一定非要像鲸鱼等。因此我们还是不能摆脱这种通过直观观察得来的经验的束缚。

　　逐渐地，科学的进步让人们欲望大开，人类作为一个在自然界中各项能力都不突出的物种需要被改造。我们需要更好的听力，可以敏锐地捕捉到几十公里外从高频到低频的所有声波变动；我们需要更好的嗅觉，能感知细微的化学信息；我们需要更强的体魄，更快的速度，更敏锐的观察力……这项超级物种的改造计划最终促进了两个方向的研究实践。

（1）直接对人体本身进行生理强化；

（2）通过外部硬件设备加强其能力。

这就直接导致了医学和生命科学与智能硬件和计算机科学的对垒。然后我们再回顾一下文章开头那个小朋友的问题：绿巨人和钢铁侠为何总是过不去？因为他们出自不同的科学实践，他们是路线之争、主义之争，绝非个人恩怨。

虽说美国是"人类改造计划"发源地，但这种包裹着浓重黑科技外壳的思潮来自全世界雄心勃勃的科学家。从诸多稗官野史中暴露出来的纳粹德国的很多科学计划来看，这种思潮其实已经流传很久。

药物可以直接增强人的某些机能，让人保持活力、延缓衰老、增强体力等。长期的惯性让社会形成一种药物文化，这种文化在美国尤其明显。这得益于多年积累的生物科学的发展，更得益于强大实力的美国药企的常年宣传。近些年来，在美国加州，除了兴盛的互联网企业外，最引人瞩目的就是拔地而起的生物科技公司，他们发展生物技术和基因技术，以此来完成他们对于"人类改造计划"的贡献。

但由于近几十年的发展，硬件和计算机技术成为美国科技的主流。在主流代表正义的美国，生物科技被压制，加之大型药企多年以来被媒体妖魔化（当然可能多数是事实），生物科技的成功和思想被压倒性地排挤。在民众的主流意识里，英雄应该是穿着高智能化盔甲的人类，而不是经过药物改造后的怪物。这当然夹杂了很多伦理上的思考，硬件技术的优势在于可以摆脱伦理思考，直接加速推进"人类改造计划"的伟大事业。

不可否认的是，尽管药物文化已在走下坡路，但是其深厚的民众基础仍然存在，现在人们还是习惯性地喝一瓶功能饮料以减缓疲劳、吃枚药片以增强体力。尤其最近几年基因技术的发展取得了巨大成果，在未来这种争夺还将继续。在这种不断的争夺中，一步一步完成"人类改造计划"预设的所有梦想。

技术和想象如何能塑造美好的虚拟世界

在微软即将发售最新的 AR 眼镜 HoloLens 之际，我们对虚拟现实满怀期待又充满担忧，担忧微软又一次因工艺或者技术而摧毁人们对一个行业的期望（20 世纪微软在 PDA 上的尝试、虚拟现实设备的尝试的失败，同时使投资者和消费者对那些行业丧失了信心）。当前市面上的虚拟现实产品（包括 AR 和 VR）厂商榜单序列，基本上挤满了所有国际大型科技企业，包括微软、Google、索尼、三星、任天堂、迪斯尼等技术实力雄厚的老牌巨头，还有仅凭"一招鲜"就大名鼎鼎的 Magic Leap。虚拟现实技术的野心是要占领个人娱乐，并以视像技术为"桥头堡"向不同行业延伸。

虚拟现实的元点思考者是凭借《美丽新世界》青史留名的英国著名作家阿道司·赫胥黎。最吊诡的事情是，作为 20 世纪最重要的反集权、反乌托邦的左派文学作品《美丽新世界》的作者，赫胥黎竟然想出了至今看来人类最容易沦落为其附庸的科技手段——虚拟现实。他最早提出在电影外加入增强感官体验这一概念，这为后来虚拟现实的真正完善提供了很好的理论依据。1963 年，未来学家 Hugo Gernsback 在 Life 杂志发表了一篇撰写他新发明 Teleyeglasses 的文章。从 Teleyeglasses 这个词的构词法上我们大致能猜出这款设备的样子：首先是个眼镜，其次还要有无线接收功能，当然还得能观看。这是他在 30 年前构思的一款头戴式

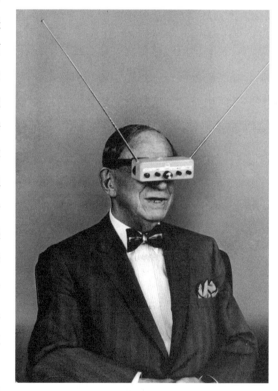

▲Hugo Gernsback 和他发明的
头戴电视机 Teleyeglasses

的电视收看设备，这应该就是可考的最早成形的虚拟现实设备（见下图），尽管那时的技术跟今天不可同日而语。

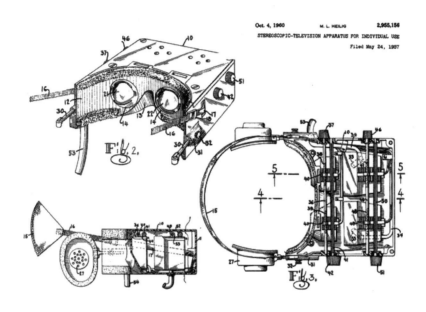

▲Teleyeglasses 细节设计

跳出设备的探讨，我们应该提问：什么是虚拟现实的终极体验？很显然，现实体验才是虚拟现实的终极体验。也就是说虚拟现实的水平，是与现实无限接近的程度成正比的。正因如此，虚拟现实才不可能变得跟现实一样，而只能无限接近。因为从一开始，它就是在模仿。在虚拟现实中模仿一段成像、模仿一段声音体验、模仿一段气味或者体感体验，虚拟现实和现实体验是两条无限接近但永不相交的渐近线。沃卓斯基兄弟的《黑客帝国》三部曲，为我们呈现了一个终极的虚拟现实体验世界，人通过线缆和通信协议接入主机，在主机建造出来的虚拟环境中进行完全真实感的生活。这种生活体验可以真实到：如果你对主机中的人说你正生活在虚拟之中的时候，对方是不相信的，并会认为你是疯子；而且，像在主机中打斗，现实世界中的人也会受伤，如果被杀死，现实中的人也会被杀死。

回顾第一段，在我们列举的虚拟现实厂商中，有一个厂商跟其他几个有明显不同的气质，它的专长是生产内容，起家是因为动画，这就是迪斯尼。我们可以把迪斯尼划归为传媒业，但这并不是说它是一个在技术方面不见长的公司。至今看来，迪斯尼的主体乐园是当今世界上最好的虚拟现实体验中心。迪斯尼的虚拟现实体验并非局限在视像技术，它用巨大的机械和视听技术，通过高度的管制和整合，生猛地造出一个虚拟世界。

在迪斯尼内部，有一个部门叫"WaltImagineering"。很显然，imagineering 是由 imagine 和 engineer 合成的一个新词，我们暂且可以称之为"想象工程师"部门。此部门成立于何时不得而知，但它成名于 1964 年的纽约世博会。迪斯尼的这个部门为纽约世博会设计制作了巨大奇幻的机械展览装置，这些装置在奥兰多迪斯尼乐园建成后被转移到了这里。在奥兰多这个游乐之城里，迪斯尼乐园建有 4 个园区、2 个水上乐园和 32 家主题酒店。迪斯尼 - 未来世界（Disney's Epcot）、迪斯尼 - 动物王国（Disney's Animal Kingdom）、迪斯尼 - 好莱坞影城（Disney's hollywood studio）、迪斯尼 - 魔法王国（Disney's Magic Kingdom）是当前世界 5 座迪斯尼乐园体验最好的四个园区，也是孩子们的游乐天堂。

这里并不是要给迪斯尼做任何广告，我们希望能通过迪斯尼乐园，探究虚拟现实实现的一些原则和途径。

迪斯尼完美的虚拟现实体验主要得益于它的封闭管控。举一个很小的例子，游客购票进园之后会发给一张通行卡，如果加一点钱就可以买一个非常漂亮的 NFC 近场通信手环，其款式较多，有适合大人佩戴的也有适合孩子佩戴的。这款叫作 MagicBand 的手环相当于园区中的门票和信用卡，凭借它可以畅行各个区域，也可以购物埋单。可以想象，在 120 多平方公里的巨大建筑群内实现通行证功能，放在任何一个非高度控制的地方都是难以实现的。同样的例子，北京的市政一卡通提了多少年，至今仍没有任何进展。这还是在北京市政府的统一管辖之下，协调各部门和组织团体都这么困难，如果跨区域则几乎是不可能完成的任务了。

迪斯尼代表了互联网文化的反面，在分享、公开、UGC（用户生产内容）的互联网面前，迪斯尼坚决地走高度管控的路线。事实上，奥兰多迪斯尼完全就是一个与世隔绝的王国，它不需要与外界联系互通，设备兼容的问题完全已被忽略。MagicBand 手环的良好体验也是基于这一点完成的，有一套自成一体又独立隔绝的系统，才能实现精美的体验。从这一点出发，我们似乎也能理解为什么迪斯尼可以跟苹果走到一起，因为他们本质上的设计哲学都是相同的。苹果似乎表现得更明显一点，那就是为了实现完美的体验，就要对用户和产品进行管制。

在迪斯尼乐园中，有很多视像荧幕演出，其中有的是影片，有的是演出。其实在观众的感官中，这是不明显的，比如最受欢迎的演出《乌龟对话》（Tortoise Talk），屏幕上的动画人物能与观众对话，并且发音口型都对得严丝合缝。如果动画人物要看着谁，其眼镜也会相应地转过去，仿佛就在看着对方一样。在正前方的一个摄像头也会瞬间转过去，给那个观众一个特写，这时那个观众的模样就出现在大屏幕右上角了。这样的互动模式在技术实现上是很有难度的。有人可能会问：好莱坞动画电影从什么时候开始动画人物说话对口型的？就是从奥兰多迪斯尼乐园有了这套演出的设备之后。同样的，这一套互动模式也被国内无人机制造厂商大疆运用到了其在纽约时代广场的公关活动中。当时大疆租下时代广场的大屏幕，4 架无人机起飞，它们要跟观众们玩一个叫"找自己"的游戏。携带云台和变焦摄像机的无人机，通过 5.8GHz 频率连接地面站进行图像传输。聚集在广场的观众抬头看大屏幕，无人机摄像机随机地给在场观众一个特写，被拍到的观众就会被投射到广场大屏幕上。这个持续了不到 20 分钟的游戏收效极好，而它的创意就来自于奥兰多迪斯尼乐园的《乌龟对话》。

从 1964 年纽约世博会继承下来的利用巨大机械装置营造环境的思想，在迪斯尼乐园的建设上也有很好的运用。在奥兰多各个迪斯尼活动区域之间，有一部小火车系统。这个系统承担了穿梭园区的交通功能，而这完全不是通常意义上的观光小火车，在行驶的路线上也没有设置太多的可观光景观。这个小火车系统在车体车厢设计和路线规划上企图给人一种穿越的感觉，事实上乘坐的人也完全可以体会到这一感觉。试想，在"未来世界"发车的小火车，通过一段通道，到达"动物王国"，在全体乘车人集体情绪的影响下，完全可以给乘客一种时空穿越的感觉，而且这种感觉会更容易被小孩子捕捉到，这将是多么美好的体验啊！

迪斯尼乐园的建设运营完全秉承了软件开发迭代的思路，从 1955 年加州迪斯尼乐园营业到今天已经过去了 60 年，迪斯尼乐园并不显得陈旧和老套，而是一直有新鲜玩意吸引游客到来。从内核上来说，迪斯尼完全是一家技术公司，而且是一家更加全面的技术公司，在通信技术、信息技术、视觉影像技术、成像技术、建筑、机械工程等方面都拥有世界顶级的能力，而这一切的能力都是为了给游客呈现一个神奇的世界，一个可以踏入、可以体验、可以回味的美好的虚拟现实世界。

关于虚拟技术（VR/AR）应用的诸多误解

2016 年被称为虚拟现实的元年，很多产品陆续推出。在刚刚过去的 2016 年 ChinaJoy（中国国际数码互动娱乐展览会）上，有 VR 主题的参展商占整个参展规模的一半以上，VR 其实已经成为技术、新媒体、泛娱乐领域中各家争抢的阵地。下面我们就当前和国内 VR 产业的一些情况，来谈一下 VR 的发展。

在 Oculus 点燃这一波虚拟现实热潮之前，虚拟现实已经在专业领域有了很多应用。北京航空航天大学有一座虚拟现实国家重点实验室，主任赵沁平院士同时也是中国系统仿真学会理事长。我们国家的虚拟现实早期应用就在仿真领域，在飞行和军事训练方面有非常常规的应用。从某些层面讲，游戏和仿真非常相似，只不过游戏侧重于可操作性和游戏性，仿真更侧重于真实性。北航的虚拟现实国家重点实验室最开始就是为培养飞行员研发虚拟飞行训练仓而设立的，这里的虚拟飞行不会考虑是否枯燥，而只为还原最真实的飞行场景。这也就是说，虚拟现实在开发之初并非为娱乐专门设计。

当前虚拟现实在体育、游戏和色情产业中已经有了很好的产业化发展。相比于其他媒体，VR 最大的优势是临场感。在体育转播方面，运用 VR 观看比赛有时候可能比现场观众的体验还会好一些，因为我们完全可以在全场最好的观察位置安置一个 VR 的前场设备，这些位置很多时候可能是不售票的，比如教练席、场边、球门附近、角旗等。VR 相比于电视镜头画面还有一个特点是它没有焦距感，没有我们电视转播中常见的近景、特写等画面，VR 在体育转播中的画面切换是视角位置的切换，不是焦距的切换。当然在未来，技术发展之后可能产生焦距的控制。

游戏天生就是 VR，这里不必多说。至于色情产业，VR 的临场感也让一般的色情产品黯然失色，我们此处就不再展开。

《纽约时报》探索性地将 VR 加入新闻报道中，并且发挥了 VR 临场感强的特点。比如一个现场事件，如果可以迅速调用 VR 进行报道的话，那观众感受到的新闻真实性是强过任何新闻影像的。新闻采用 VR 也是有限度的，比如在谈话类节目或者演播厅类的新闻节目就完全没有必要采用，因为这类节目是按照镜头画面锁定的，所有的信息都在中心画面中呈现了，采用 VR 并不能让观众获得更多的信息。当然，除非观众想了解摄影棚中的工作环境，但这毕竟没有普遍应用的意义。

在未来，VR 乃至 AR（增强现实）技术成熟之后，在医学上的应用场景也极其丰富，我们可以运用 VR 和 AR 技术进行远程手术和虚拟化治疗。到时候，一个有经验的医生可以通过虚拟技术为很多偏远地区的患者进行治疗，很多物理上的限制也将被突破，很多慢性病患者完全可在家接受治疗，从而省去了奔波于医院的劳苦。当然，这一定要在技术非常成熟之后。

社交 VR 化也是不可避免的，Oculus 刮起这一波虚拟现实旋风，除了其技术和产品强悍之外，还少不了其现在的母公司 Facebook 斥资 20 亿美元给它的强大支持。这也为将来 Facebook 社交产品的 VR 化提供了先发优势。社交网络当前仅仅能做到的是知识的交流，按照我们科技模拟现实的理论，在未来社交网络的升级版必然是让每一个用户进行体验的交流。那 VR 和 AR 就是必然的选择，让人能在感官体验上也能有即时感是未来社交网络的方向。全息技术在这方面表现其实更优越，但是由于成本问题，在可预见的未来，VR 和 AR 可能最先得到普及。

我们知道人是情境动物，环境和互动带给人的影响是非常大的。我们都有这方面的经验，开视频会议、电话会议都不如直接见面能产生更多思想上的火花，有人喜欢在饭桌上谈话、有人喜欢在会议室谈话，眼神交流、肢体、氛围都可以在很大程度上影响人的思维。而 VR 可以让不在同一时空下的人与人的交流更逼近真实。

说了这么多，我们有必要简单地解释一下 VR 的实现原理。VR 的实现是基于一个基础，即我们的视觉是通过眼睛获得，听觉是通过耳朵获得，可能这个认识并不严谨，但以当前的技术足够方便理解。外界的视觉信息和听觉信息通过眼睛和耳朵获得，如果我们可以把眼睛和耳朵封闭，并给其制定信息输入，那就会操控人对周围环境的认识。具体通过头戴式显示设备（Head Mount Display，HMD）来实现对感官的封闭和对环境信息的虚拟。HMD 的设计原型出现得非常早，大概最早出现于 1963 年未来学家 Hugo Gernsback 的发明（请参阅上文）。HMD 包含两块屏幕，分别为我们的左眼和右眼提供模拟真实视觉环境下的图像，这其中仍包含一个隔离感很好的耳机设备。VR 和 AR 设备相比，一个明显的区别是，VR 设备隔离了人跟真实世界之间的沟通，而 AR 则是让真实世界更加丰富。但它们本质上还是通过虚拟技术影响人的视觉和听觉感官，最终来呈现虚拟环境。在虚拟现实实现过程中比较复杂的是视觉部分，我们知道人的视觉方向是由人两个部分的运动左右的，一个是头颈部运动，另一个是眼球运动。当前市面上投入商用的虚拟现实设备仍只能侦测到使用者的头部运动，眼球运动带来的画面变化仍在实验过程中。

我们当前虚拟现实的发展水平还很初级，只是把原有的 180° 或 360° 或 720° 球幕画面装入了 HMD 设备，可以做到固定位置视角的变化交互。例如，我们刚刚提到的体育转播和新闻报道，但是真正的虚拟现实是可以进行位置交互变化的，使用者可以移动观看位置。当然，这在游戏中通过 CG 的实时渲染已经可以部分实现。未来，我们希望在实拍画面中也能做到这一点，通过多摄像机的多角度拍摄，可以将环境实拍画面的三维图景装入 HMD。现在在技术上已经有类似的尝试，通过全角度图像的建模，然后在后期一帧一帧地处理成 VR 图像。当然这样处理成本会非常高，且做不到实时，但毕竟有了突破的可能。

VR 是不是要完全向着现实中人的体验的方向发展？美国作为 VR 的发展前沿，其态度非常值得我们借鉴，他们在每一个可能的方向上都进行尝试，只有做出来才能知道好还是不好。比如我们知道游戏中的人物是需要移动的，VR 在游戏中应用的时候解决位移的方法当前有两个，一个是传统的用手柄方向键控制方向和前进角度；另一个是把玩家放在一台万向跑步机上。这两个方向在游戏位移的方面都是很好的解决方案，至于哪一个会最终出位，还需要整个业界和市场的尝试和选择。

这一波 VR 热潮已经有三年左右的时间，电影一直是 VR 应用的热门主题。但迄今为止，我们还没有看到任何一部 VR 影视的成果。事实上我认为，VR 电影的称呼就误导了很多观念。我们回想电影的发展历程，在英文中，电影有很多称呼，比如 movie，从词根上我们可以看出，这个词跟动有关系，其实就是画面流动给当时人的一个直观印象；film 是电影的另一个称呼，因为最早影像是印制在胶片上的；电影比较学术的称呼是 motion picture 或 motion graphic，直译过来就是活动影像。在爱森斯坦发明蒙太奇这种语言之前，应该说电影这种艺术形态是不存在的，我们今天熟知的电影艺术是依附在活动影像这个技术之上的一种文化艺术语言。再如拍照技术出现后，曾引起绘画艺术的恐慌，认为拍照将取代绘画，但事实上并没有，它们两个并行发展，至今很少互相干扰。

我很多影视界的朋友都不怎么看好 VR 电影的前景，他们认为 VR 是去蒙太奇化的。那很显然，没有蒙太奇的活动影像除了有文献价值外，其实是没有艺术价值的，也就是说没有蒙太奇就不能叫电影，这是他们的观点。其实从这个角度来看，反而让我认定 VR 电影的称呼是有问题的，因为 VR 和电影本质上不是一个类别。从艺术类型上讲，不管何种类型的艺术，都是要满足人们一个很本质的需求，那就是讲故事（story telling），我们可以多种艺术形式完成讲故事的任务。从本质上来讲，VR 和活动影像本来就是两种艺术形态，我们讲电影是第七艺术 [九大艺术：①绘画；②雕刻；③建筑；④音乐（声响艺术）；⑤文学；⑥舞蹈；⑦戏剧；⑧电影；⑨游戏]，VR 并不是电影艺术的升级 7.1，完全有可能是第十艺术。我们相信 VR 也要承担起讲故事的任务，在 VR 领域也会出现如爱森斯坦这样的天才，发明一种专属于 VR 的语言，完成将 VR 升级为艺术的任务。

自 Oculus 掀起本次 VR 热潮之后，针对 VR 的讨论一直在进行，每个人对 VR 都充满期待，也总有一些新的观念迸发出来，有误解我们可以讨论可以纠正，但只要关注就是对 VR 发展的帮助。

从 "Google Cardboard VR 设计则例" 解读出的不确定

上一届 Google I/O（谷歌的全球开发者大会）发布了可能是迄今为止最廉价版本的 VR 设备，Google Cardboard，以及与之配合的几款 VR 内容。随后 Google 发布了 Cardboard 平台的 VR 设计则例。由于 VR 是一件当前来说最为普及的修改生理的科技产品，这就决定了 VR 是否能很好地校正与人体生理的对接成为其成功的重点，也成为最大的不确定因素。

在 Cardboard 设计则例的第一部分，就提到 VR 的使用者会出现不同程度的生理上的不适。从一般意义上说，一个新的媒体形式出现都会引起传统保守者的反对，他们普遍以 "看不惯" 为种种理由。但通常来说，主要原因多数来自于生理上的不适。Google

官方在原文中用 sickness（恶心、呕吐）一词来代表对虚拟现实设备的不适应，可见在 Google 看来这种不适应的程度已到达一个多么严重的地步。

对虚拟现实设备生理上的不适表现为两个极端，第一个是表现为极其不适应，虚拟视觉和身体平衡系统之间容易产生的错位感。简而言之，就是视觉上用户感觉产生了位移或者角度变化，但事实上身体并没有这样的感觉。这可能是大多数人在一开始尝试虚拟现实设备的感觉，表现在生理上可能是眩晕或者由生理引起的心理上的困惑等。第二个则是表现为极其适应，用户在虚拟现实设备的过程中，由于对虚拟画面产生很强的依赖，且其下意识地认为这种由头部运动带动的画面变化只有在真实情况下才能出现，所以用户在沉浸式体验中容易将虚拟画面误以为真实。如果在 UI 设计中不加以强调，长时间使用虚拟现实设备的这类人群会加重类似的心理障碍。

Google 官方以设计原则的形式确定了几个维度，以保证开发者所设计出的应用不会对使用者造成诸如眩晕等生理上的困扰。总体而言，Google 给出的方案都是在围绕控制方面进行。他们认为使用 VR 的生理不适原理上跟晕车是相似的，那就是对周围动态的变化缺乏直接掌控，这当然也包含了一定心理因素在内。如果能在 VR 内容设计上加强用户的掌控，他们相信会加速用户的融入感。

这是很重要的问题，我们相信 Google 也这么认为，所以其官方才会将这点放在开头部分来提醒用户和开发者。这个部分之所以重要，其实在某些程度上决定着 VR 在将来的角色——天使还是魔鬼。

下附 Google Cardboard 开发设计则例链接：http: //www.google.com/design/spec-vr/designing-for-google-cardboard/a-new-dimension.html。

 ## 对虚拟体验的所有想象

我们相信终极的虚拟现实体验就是《黑客帝国》。在《黑客帝国》第一部中，还没有觉醒的主角尼奥在与机器警探打斗过程中中弹，他认为自己死了，于是在现实世界中的他随之也失去了生命体征。在第二部中，尼奥与蜂拥而至的史密斯警探的克隆人打斗，他完全真实地感受到打斗带来的种种体验，相信比真实世界中的他感受得还要真切。尼奥在进入主机之后，他的感官完全融进了计算机世界。值得一提的是，《黑客帝国》中有一个细节，尼奥和其他所有抵抗军的人在进入主机时，线缆插入的位置是大脑和脊柱部位。我们知道，是中枢神经让我们感受到外界的存在，也就是说不是眼睛让我们看到了世界，而是大脑，眼睛只是传感器。电影中这种直接连接中枢神经的细节，实际上是有某种事实依据的。

如果说虚拟现实已经参与到我们之前提到的"人类改造计划"中来，相信它的竞争对手——致幻剂已经感觉到了市场在萎缩。不管是从伦理上、生理上还是法律上，VR 都有着无可争辩的优势。当然，如果有人单纯地强调体验，那致幻剂还是有一定优势的；但这种优势可以维持多久，我想这很显然只是个时间问题。在 2016 年的 ChinaJoy 上，我们目睹了很多 VR 厂商拿出自己的产品，且只要稍加改造，就会给使用者带来无比真实的感受。比如暴风魔镜的展区内有一个高空平衡木的内容体验区，体验者被带到一条宽度在 20 厘米左右的木板上，下面由弹簧支撑，木板可以左右轻微晃动，体验者头戴暴风魔镜的头盔，需要从木板的一端走到另一端。我们都知道以手机为显示设备的移动 VR 在显示效果上并没有那么出色，但正是由于加入了这么一条可以晃动的木板，才让体验者的感受提升了一大截。

虚拟现实从出现至今，唯一重大的问题是它极力想营造逼真的体验，但永远不够逼真。这让我们想到了将近 20 年前，数字动画电影刚刚兴起的时候，创作者也极力希望使数字动画人物与真人一样逼真，不管是从动作行为还是皮肤质地都力求完美。2001 年，CG电影《最终幻想》让电影人几乎惊叹，甚至有人说以后都不再需要电影演员了。但很快，原来力求逼真的数字动画电影在形象制作上摒弃了这一点，当前我们看到的数字动画电影的人物形象已经不再单纯地追求真实，确切地讲应该叫仅追求细节的真实，整体形象是经过艺术加工的。回到虚拟现实领域，我想在未来极有可能也重蹈电影的覆辙，在极力追求与现实相同的阶段会迅速过去，转而到来的是经过虚拟现实独有的艺术语言加工过的所谓的"虚拟现实世界"。到那时，真实世界只是虚拟现实艺术家创作的一个背景或者灵感来源。

当前虚拟现实的火热，其实最要感谢的是智能手机的发展。自 2007 年乔布斯发布

iPhone 以来，智能手机在全球科技产业中保持了极其高速的增长，也带动了相关产业链整体水平的提升。从核心部件角度来看，一部 VR 设备与一部智能手机的差别不大。高显示质量显示屏，这是一个 VR 设备必需的部件，它在智能手机产业链中已经被提升无数倍；以及一系列敏感度较高的动作传感器，这项技术也由于智能手机的发展得到了完善；当然，还需要一块计算能力较强的移动处理芯片……所有这些，在智能手机的产业链框架内都可以找到。智能手机仿佛是 VR 的母体，能源源不断地为其提供资源。我们在之前的文章中谈过，人的视觉角度被两个肌肉群控制，一个是眼部肌肉群，一个是头颈部肌肉群。当前的 VR 产品仅在头部动作捕捉中有上佳的表现，但在最近三星公司推出的 Galaxy 系列手机中已经加入了眼球识别技术。这是一项非常有用的技术，它在成熟后可以直接提升 VR 产品的体验真实度。当然在其他领域，这项技术也有着极其丰富的想象空间。

在 VR 技术成熟并得到普及之后，我们相信 AR（增强现实）技术会给我们带来更多惊喜。VR 还是在依靠屏幕显示，如果我们从 AR 的角度思考，屏幕将变得不再重要，光场（light field）技术会取代屏幕成为未来显像的载体。微软的 HoloLens 和由 Google 支持的 Magic Leap 就是基于这一原理进行设计的产品。之前微软推出了最新的 HoloLens 宣传片，讲述一个室内设计团队如何在团队成员不在同一地点的情况下协同办公，并将最终的设计通过 HoloLens 为客户演示的故事。这种基于光场现实的增强现实技术给我们的想象是前所未有的，影像将被投射到现实场景中，我们不需要一个眼罩封闭双眼，周围发生的一切仍原原本本地发生在眼前，虚拟的画面叠加在现实场景中。人工场景叠加在现实场景中，较凭借屏幕现实成像的 VR 会让使用者的观察更加细致和真实。由于 AR 设备强烈的现场感，它所虚拟的场景几乎会引发使用者的错觉。如果这很难想象，各位可以回忆一下过去几年很火的户外 3D 投影的神奇效果。

虚拟技术极有可能对当前我们热衷于想象的"场景革命"产生巨大推动。超级英雄电影《钢铁侠》中，只要托尼·斯塔克开始工作，就会出现一个可以用动作和语言控制的 3D 化计算机投影数据影像，他可以用手抓住一个虚拟的影像，并用手任意组合这些影像背后所代表的信息。这当然是离现实还很遥远的计算机特效，当前与之最接近的成熟的技术应用产品就是体感设备，而我们经常接触的体感游戏机就是这一类型的产品。影像捕捉和运动传感器产生的电信号可直接与屏幕显示的内容进行互动，不管你是控制屏幕上一个人，还是通过动作点按屏幕上的按钮，这本身都是虚拟技术给我们带来的人与机器互动的良好体验。电子设备再也不冷冰冰，反而会随着我们的动作而动作，这才是我们的小伙伴，就像一只通人性的宠物，没人不喜欢。

由动视暴雪制作的FPS（第一人称射击）游戏《使命召唤》，曾在多个版本的剧情中出现主人公通过一个装置切换到无人机视角，从而完成对敌攻击或者侦查任务。在《使命召唤：高级战争》中，主人公通过头戴显示设备，控制四旋翼武装无人机，对敌人进行火力压制。这种通过头戴现实设备完成视角切换功能的活动，在当今无人机爱好者中极其风靡。以往无人机或航模爱好者通过无线遥控器对无人机进行视距内控制，一旦无人机飞出视线，即便还在控制器的操控范围内，操纵者对其也是没有控制能力的。现在，虚拟现实开发出的头戴现实设备可以帮助操控者获得无人机视角，这通常被称为第一视角（first person view，FPV）。操控者通过头戴现实设备获得无人机的第一视角。首先，操控者在视觉上有着与无人机同步飞翔的感觉；其次，在不需要扩大无人机无线控制器控制范围的情况下，操控者借助于第一视角可有效地利用控制范围内的空间进行飞行。在以往通过视距内控制的时候，无人机的飞行场地需要相对比较空旷，但通过获取第一视角观察，操控者只需放飞无人机即可，即便无人机飞出了操控者的视距，只要在控制器控制范围内，操控者仍然掌握着无人机飞行的实时状态。

2016年E3游戏展，在一个主题讲座中，一位演讲者是建筑师出身，现在专门为游戏中的建筑做设计。他提到，在以往的建筑设计中，需要更多考虑可行性等方面的问题；而在游戏场景中做建筑设计，会让他感觉更加自由。也正是由于这种长期自由的设计，当他再接手真正的建筑设计时会更加充满灵感。例如，北京的望京SOHO和银河SOHO，建筑师扎哈·哈迪德（Zaha Hadid）会考虑施工方能否在建造的时候保持设计中平滑的曲线。而在游戏等虚拟环境中，这完全不需要考虑，只要开始构建，虚拟环境就不存在任何显示环境中的物理限制。电影《阿凡达》中悬浮在空中的山也是完全可以的，在几乎无限的空间可以构建出巨大的虚拟世界。事实上，当前很多游戏的场景已经非常庞大，如《神秘海域》《GTA》这些大型主机游戏，开发人员花巨大精力开发了游戏场景，但这些精细的空间环境却作为游戏情节的背景匆匆闪过，这确实有一些浪费。如果玩家能获得比当前电视机屏幕更进一步的沉浸式体验，那这个虚拟的空间就会真的被激活，当前的虚拟现实设备完全可以达到这一目的。假如我们将当前游戏的情节和进程全部关掉而仅保留场景，玩家通过 VR 设备进入游戏就相当于融入了另一个世界。当然，理性会告诉你这都是虚拟的，但这并不重要，瞬间可以进入另一个世界对我们来说有足够大的吸引力。我们看到，在不做更多开发工作的情况下，用现有的游戏资产就可以创造大量的 VR 内容。

既然我们说到了沉浸式体验，在未来沉浸式会进一步发展下去，我们通过 VR 和 AR 设备完全可以做到足不出户就能游历世界各地。如果我们的文献工作做得足够好的话，我们还可以"时间旅行"回到过去。将现实世界虚拟化后，我们可以以任何视角观察这个世界，可以想象具备"上帝之眼"的我们该有多么的兴奋。

 # 人类的小伙伴——人工智能（AI）

讨论人工智能，香农和图灵这两位计算机科学家是绕不过去的。1950 年，他们两位专门以计算机是否可以下棋为话题，进行了较早的人工智能理论探讨，当时称为机器智能，现在常用的"人工智能"（AI）称谓还未出现。图灵的观点非常激进，他认为凡是人类可以做的事情，会下棋的计算机都可以完成；相比于图灵，香农的观点较为保守，他说如果计算机可以下棋，那它就可以做逻

▲ 香农和他的机器老鼠

辑推演、语言翻译，甚至艺术创作和作曲。总体而言，他们两人对还未出现的人工智能都充满了期待。

在第八届控制论大会上，香农拿出了自己发明的机器老鼠，他称这只被科学界瞩目的老鼠为"手指"。"手指"被放置在迷宫里，它能通过试误法找出一条走出迷宫的路，并记住这条路。也就是说，它能从试错中学习经验。"手指"每次走到方格中央，都会做

出新的决定并确定下一步该怎么走。如果"手指"碰到了迷宫边缘，它体内的马达会同幅度倒转，让它回到起点，然后选择一个新的方向前进，直到它找到出路。这只小老鼠，通过这个不可逆的矢量场，一步一步前进，其每一步对应一个矢量。

与心灵手巧的香农相比，图灵更愿意进行理论性的探索。在 2015 年上映的图灵的纪录电影《模仿游戏》就直接沿用了他在人工智能领域最重要的概念——imitation game，其实就是著名的"图灵测试"，这是由图灵提出的判断计算机是否具有智能的科学方法。他从计算机能不能与人交流这个维度进行测试，而非以前的下棋、走迷宫、做算数题等。

背景资料：

图灵测试：假设让一台计算机和一个人分别进入两个互相隔绝的房间，测试者作为第三者进入第三个隔绝房间。测试者通过文字进行提问，如果五分钟之内，测试者仍分辨不出哪个房间是计算机、哪个房间是人，那参加测试的计算机即通过图灵测试，也就意味着这台计算机有了某种程度的智能。

当前美国几乎成了世界创新中心，这个地位在很大程度上依赖于"二战"后全世界优秀科学家陆续来到美国，带来了各行业最新的科技。但仅从人工智能领域来说，是英国人具有明显的先发优势。英国在电子、通信、计算机、数学方面长时间保持了优势，尽管后来由于美国的极力追赶缩小了差距。

全球计算机科学和人工智能的中心从英国转移到美国，大概是由 1956 年在新罕布尔州达特茅斯学院召开的为期一个月的研讨会开始。大会的组织者为当时世界上最杰出的计算机科学家，他们分别是：克劳德·艾尔伍德·香农（Claude Elwood Shannon）、约翰·麦卡锡（John McCathy）、马文·明斯基（Marvin Lee Minsky）、纳撒尼尔·罗切斯特（Nathaniel Rochester）。参会者包括：赫伯特·西蒙（Herbert Simon）、艾伦·纽厄尔（Allen Newell）、雷·所罗门诺夫（Ray Solomonoff）、奥利弗·塞尔福里奇（Oliver Selfridge）、特雷查德·摩尔（Trechard More）、阿瑟·塞缪尔（Arthur Samuel）。这些人全部是人工智能领域的先驱，人工智能（AI）这个术语也经由本次会议最终确定下来。这次具有重要意义的会议，确定了很多需要日后解决的核心问题，这些问题包括：自然语言是否可以用于编程？是否可以编写出模拟人类大脑神经元的程序？计算机是否具有经验学习能力？计算机应该如何表达信息？算法中的随机性跟机器的智能化程度是否有正相关？

自达特茅斯学院会议之后，人工智能的发展有了可贵的基础。但随后，科学家们就对人工智能的发展方向发生了分歧，大致分成了三个方向。

（1）以麦卡锡为代表，认为计算机智能化需要通过逻辑推理实现；

（2）以明斯基为代表，认为计算机智能化的前提是需要具备丰富的现实世界知识；

（3）以麦卡洛克、皮茨为代表，认为构建神经元模型可以实现人工智能。

彼时提出的此三个研究方向仍被当今的科学家坚持研究，但其力量对比已经有了明显的变化，神经元模型方向已经异军突起，且产生了大量的成果；逻辑推理方向随着计算机计算能力和算法理论的发展逐渐被功能化；现实世界知识方向随着存储技术的发展，明斯基的"积木世界"明显不如人工神经网络有吸引力，但明斯基在1969年出版的《感知机：计算几何学导论》还是给当时火爆的神经网络研究以巨大的冲击。

如今人工智能已经遍及我们生活的诸多方面，比如电影制作中有人工智能的帮助，几十人的团队完成一部大型电影的影像后期制作；在交通控制方面，人工智能可以根据道路传感器采集回来的数据实时控制城市信号灯系统。人工智能已经为我们的生活带来了很多便利，可它与我们当初想象的是一个模样吗？它就是一个聪明的人造机器小伙伴。

 ## 人工智能（AI）的理想

20世纪90年代，哲学家和机器人学家对当时的人工智能概念提出了明显的质疑。美国著名机器人制造专家罗德尼·布鲁克斯发表了题为《大象不会下棋》的论文，标题言简意赅地指出了传统人工智能研究的局限性。他认为，与任何计算机相比，包括大象在内的很多哺乳动物都要聪明得多，但很明显大象不会下棋，它们在进化过程中没有形成逻辑思维和符号操作能力。现代最新的人工智能程序可以做到逻辑思维，可以具有高超的棋艺，比如Google的AlphaGo；但它无法应对现实环境，按照传统人工智能思想开发出来的程序，根本不符合人们对人工智能的期待。

　　事实上，由于布鲁克斯的启发，传统人工智能研究开始反思。在第二章中，我们曾经探讨过复杂系统的组织和运行方式，复杂系统不是通过一个高性能中枢进行控制的，而是通过一个一个简单的反应系统叠加成的。人工智能也是这样，我们最开始想创造一个可以为伴的人工智能。至今，我们却直接对大脑进行了复制建模并输入计算机，其行为部分完全被忽视掉了。这也就是传统人工智能自上而下的研究方法。首先将大脑的每一块感知模块集合成一个，然后根据这个系统模型制订相应的执行计划，在执行每一个任务单元的时候都要按执行计划分步骤完成。很明显，这在逻辑上是站得住的，可是当我们审视人工智能所要模仿的人类和其他生物的时候，这个过程显然非常低效，生物系统从感知开始到行动结束整个过程极其迅速。

　　布鲁克斯曾尝试从生物学的角度搭建一个可用于机器人的人工智能系统，他称之为"包容结构"（subsumption architecture）。他按照生物学结构进行构建，先形成一层一层的简单本能反射，再以此为基础构建下一层优先级更高的本能反射。这种思想一直贯穿他的机器人和人工智能研究。

　　低层次的本能反射对维系一个系统是最重要的，这就好像我们走在大街上会自然地躲避障碍物；较高层次的本能反射重要性相对低很多，比如看一部电影，有的人会感动得流泪，流泪与不流泪具有很大的随机性，因为这并不会在多大程度上影响到整个系统。一个系统的行为层面，感应模块根据不同刺激的优先级，会直接形成优先处理的结果，对系统有重大影响的低层次行为会得到优先处理的权限。这也就意味着，如果一个高级行为在处理过程中，一个低层次行为发生，高级行为会被中断。感应模块和执行模块相连接，这是最直接的想法。但是如果按照生物系统来构建，这个传导网络会变得很复杂，有众多部件参与其中，每个部件之间相互联动，加速了系统反应的速度和精准性。

　　如果将这个想法推动到计算机领域也很有突破，计算机可以非常迅速地解开一个复杂方程，这得益于计算机不断加强的计算能力。但如果我们的需求是让一台计算能力很弱的计算设备计算一个复杂方程，那么我们可以用刚刚提到的生物学的方式构建一台机械计算机：把必须计算的部分交给计算机，以消耗优先的计算资源；然后在周边加入大量的本能反应模块，比如 1 和 2 通过加号相连的时候，3 自动弹出，通过这样联动系统的叠加，我们就可以用极小的计算量支撑一个庞大的系统。这与中国的算盘极其相似，中国的算盘可以进行非常大的运算，而其中的计算全部通过机械的联动实现。

现在，人工智能领域已经从计算机范畴扩展到生活的各个方面。科学家们研究出的人工智能机器不仅仅是一个聪明的大脑，更能解决实际的问题，人工智能在一步一步贴近自然状态。

人工智能和机器人的结合，让这个领域爆发了不可思议的想象。在没有任何符号语言处理、不需要预装庞大知识存储的情况下，搭载人工智能的机器人就可以有限度地开始适应环境。我们可以假设机器人的实体外壳是人工智能与真实世界接触的传感器，就类似人类的大脑和躯干四肢的关系。以往的人工智能训练需要在计算机环境下模拟出一个模型，而现在搭载了人工智能的机器人可以在环境中自己学习。环境就是它的模型，人工智能需要自己去适应周围的环境。这就像一只刚刚出生的小动物，对这个世界一无所知，步履蹒跚地往前走，以适应这个环境。

在此，我们不妨把人工智能向着理想更推进一步，人工智能怎么能看起来更像"生命"？如果分解一下意识，自由意志、好奇心、探索精神可能是意识最基础的表现。联想能力、图形识别、记忆力、遗忘力、学习能力、趋利避害、前瞻性、设定目标的能力等，这些都是构成意识的部分。如果人工智能已表现出这样的特征，我们会感觉到它在一定程度上有了"生命"。

科学界斯图尔特·威尔逊（Stewart Wilson）发表了一篇题为《人工动物：实现人工智能的必经之路》（The Animat Path to AI），首次提出了人工动物（animat）的概念，这个概括了机器人和虚拟仿真技术的术语，让人工智能的研究进入了一个新的阶段。人工动物理论的基本策略与上文所说的生物理论基本类似，是自下而上建立系统。但是一旦提到人工动物，这就为人工智能提出了更高的要求——具备生命特征且能进化。人工动物的基本策略是这样的：先制造可以在简单环境下运行的机器生命，然后增加环境复杂性，让机器生命逐渐适应，在完全适应后继续增加环境复杂性。以此往复，直到我们将真实环境搬到它面前为止。在理论条件下，不需要很久，这部机器就会出现意识和生命感，对环境的适应过程也将内化成它的学习和进化能力。

当前随着人工智能技术和思想的不断深入，计算机科学家与生物学家和哲学家、社会学家一道，不断将人工智能的边界向前推进，不断接近人类对于人工智能的理想——

为自己制造一个小伙伴。

启发式搜索、人工生命、进化计算、机器学习等，这些人工智能领域的问题不断挑战着我们的想象力，人工智能发展了 70 年，我们仍不得不面对很多基础性的问题。我们探索得越深，问题就越多。我们看到这个由计算机科学家们开始的探索，如今已经跨越到了哲学家和社会学家的视角范畴：人为何存在？生命如何起源？意识是什么？智能是什么？生命体如何进化？

人工智能最初从模仿人类大脑开始，但我们发现模仿的最终结果是无法完成模仿到真实的跨越。所以科学家又一次不得不回到问题的原点，研究人工智能的基础问题——了解人类自身。

ABM 模型（agent-based-model）是近几年研究人工智能系列问题的建模工具，建模对象包括个体、个体行为、个体间互动、个体与环境互动等，从文学和社会学研究方法中得到灵感。代理人可以是任何形态，可以是不断进化的生物，可以是一台有计算机中控的物理机器人，也可以是生物学产物。ABM 模型将有助于我们构建出一个符合主动学习和进化的实验对象，而这个对象正是我们希望寻找的智能产生的原点。

面对生命体和智能体这一类复杂系统，我们不得不认同一个问题，那就是许多自然现象和人的行为根本无法用数学工具进行预测研究。但如果我们把每个现象细分开来，逐个部分进行研究，则似乎不是很复杂的事情。这一再重复我们对于复杂系统的认识：复杂的系统是由无数简单的系统组成的，反过来，简单的系统只要按照一定规则组合起来，就能创造复杂系统。这种认识可以推及任何一个领域，比如在经济领域，复杂的宏观经济是由无数简单的单笔交易组成的；复杂的汽车是由无数个复杂系统组成的，每个系统里由无数组件聚合而成；生物的发育过程靠基因决定，但过程中也有基因、蛋白质、细胞的相互作用，基因和这些相互作用共同塑造了生物本身。通过 ABM 模型，我们可以对一系列复杂系统进行建模研究。

长久以来，计算机科学家一直希望计算机可以像大脑一样思考，对大脑如何思考的研究尽管已经有了很多假说，但很多深层次的哲学问题依然没有答案。我们如何判断计算机是否在思考呢？一台通过了图灵测试的计算机我们可以说它能思考吗？图灵测试以 5分钟为限，如果我们把时间拉长，这台计算机是不是某一刻就会暴露出不会思考的本质呢？这个问题并不好回答。这么多年来，科学家一直在探索机器产生意识的可能性，并企图有一天产生能与人类媲美的人造智能。但对智能机器人的探索很可能会引来某种程度的灾难，有意识的机器人会产生怎样的效应？我们也是不得而知。

我们对人工智能都充满了憧憬，但或许 AI 中的智能（Intelligence）给了我们局限，让我们一开始就走错了方向。智能和意识并非那么重要，经验和经验总结占据了人生活的大部分，如果把经验部分与我们常谈的意识做对比，其实二者在效用上区别并不大。这也就是说，让机器有意识约等于让机器有经验。这种想法可能更多的是从人的角度去反推一条智能之路，但其中的逻辑也不妨成为人工智能的一种发展理念。

"虽然前进的道路有一小段是明晰的，但探索它仍然会是充满艰辛的。"人工智能发展如何，这是艾伦·图灵的看法。

人工智能（AI）的机会

如果有一天我们想象中的人工智能出现，那我们的生活会发生怎样的变化？很显然，这是无法想象的，只有未来学家能给我们描绘一二，但也并不是全部。我们只是隐约知道人工智能的出现将是革命性的技术革新，会比互联网改变我们的生活产生更多的改变。如果最近几年有什么革新能称得上革命的话，人工智能算一个。

技术革命一再提高我们的生产生活效率，从工业革命开始，每一次革命都伴随着整个社会效率的极大增长。工业化的社会生产如果加入人工智能的帮助，那会变成怎样？效率提高，成本极大地下降，我们可以把基础、烦琐的工作交给人工智能完成。因为人工智能有足够的耐心处理烦琐的事情，且不存在心态问题。

人工智能的机会在哪里？作为这样一种技术，我们很本能地认为它是未来，而如今它已经很深刻地在影响我们的生活。如刚刚所述，人工智能是给工业时代一个智能化的机会。试想，如果我们的机器足够聪明，可以识别语言，那么新的用户界面（User Interface，UI）即诞生，我们可以用语言给人工智能下指令，而人工智能再去控制机器进行工作。给普通的事物一个聪明的大脑，让我们感觉仿佛周围的一切都活了起来。我们日常使用的一切，如家电、汽车、文具、笔记本、手表、手机如果都搭载一个够聪明、够人性的接受我们指令的人工智能，那将是对日常生活很大的解放。

上文中我们粗略地描述了计算机技术和人工智能并行发展的几十年，起初人们以为人工智能是绑定在独立计算机上的，但计算机技术和网络技术发展到今天，我们看到真正达到理想条件的人工智能几乎无法在独立计算机上运行，无论这是一台计算能力多么强大的超级计算机。前文介绍过早期人工智能的三个方向：

（1）以麦卡锡为代表，认为计算机智能化需要通过逻辑推理实现；

（2）以明斯基为代表，认为计算机智能化的前提是需要具备丰富的现实世界知识；

（3）以麦卡洛克、皮茨为代表，认为构建神经元模型可以实现人工智能。

这三个方向在互联网出现之后，奇迹般地合为一处，那就是互联网。国际互联网把将近百亿级的处理器连接在一起，拥有超强的计算能力；每一个互联网用户像极了大脑中的神经元，在给互联网分享智能；互联网连接全球每一个人，而每一个人每天的使用行为在不断给它扩充知识库的同时，也奉献了反复的模仿思维训练。随着时间的增长，以互联网为载体的人工智能将不断壮大，在一个必须联网的世界中，它的高渗透性直接逼近我们的生活，我们的智慧已经转移到互联网上。它的无形让我们很难描述其形态和组织联系，但它正像一张大网把我们完全覆盖，通过连接与每一个人互动。

人工智能几乎是每个计算机科学家的梦想，而今已经成为全球最炙手可热的科技创新领域。www.quid.com 资料显示，在第三波人工智能热潮（第一波为 20 世纪五六十年代，第二波为 20 世纪 90 年代，最近为第三波）来临后，已经累计吸引了将近 200 亿美元的投资。Google、Facebook、苹果、微软、英特尔、IBM 都组建了庞大的人工智能团队，并计划推出一系列人工智能的产品。

Google 是全球科技在人工智能领域投入最大的公司之一，在成立之初就是一家坚信人工智能的企业。2002 年，当时 Google 的创始人还在四处奔波寻找投资，他们的搜索产品没有给投资人带来什么新鲜感。如日中天的雅虎也有搜索产品，且几乎占据了整个市场，于是投资人最常问的一个问题是：搜索还有什么可做的？加之 Google 早期的团队中没有一个前端工程师，导致这个不好看也不好用的 Google（最早命名为 BackRub，后提议更名为 Whatbox，未实行，最后改称为 Googol，但由于一次偶然的拼写错误最终名字变

成了现在的名字 Google）搜索看起来一
点也没有吸引力，但拉里·佩奇坚称：
我们其实在做人工智能。事实上，从技
术发展历程上来讲，搜索引擎也是人工
智能的成果产品。

　　开发了 AlphaGo 的人工智能公司
DeepMind 成立于 2010 年，2014 年被 Google 收购，更名为 Google DeepMind。教计算机
下棋是人工智能领域的"传统项目"，研究人员先从计算量较小的国际象棋入手。1997 年，
IBM 开发的超级计算机"深蓝"打败国际象棋世界冠军卡斯帕罗夫，完成人工智能在国
际象棋领域对人类智力的超越；在计算量更加庞大的围棋领域，AlphaGo 于 2016 年 3 月
战胜围棋九段李世乭。至此，人工智能在棋类对弈中完全超越人类。现在国际象棋界仍
进行着锦标赛，只是在谈到与计算机的关系时，身份发生了逆转。当前国际象棋排名第
一的选手是马格努斯·卡尔森（Maguns Carlsen），他被认为是水平最接近计算机的人类
棋手。早在 AlphaGo 进入训练阶段时，Google DeepMind 的科学家就开始了新的探索，教
授人工智能玩 20 世纪 80 年代的电子游戏。人工智能在两个小时的训练中，完胜人类玩家。
在没有开发人员指导的情况下，人工智能单独接触 49 款 Atari 游戏，能在一半游戏中熟
练打败顶级人类玩家。

　　另外，人工智能运用到医学领域也有很明显的突破。当前人工智能对普通疾病的诊
疗准确率几乎达到 85%，已经可以比肩中等医生的水平。"沃森"是 IBM 研发的可用于
医学诊疗的人工智能系统，其核心技术正是认知计算模式，在技术实现方面同 AlphaGo
相似。

　　认知计算模式给计算机某些人脑的功能，让计算机可以拥有学习知识并构建知识体
系的能力，并且从经验中吸取信息，同时运用这些知识和经验，这一系列过程可以看作
是"思考"（前文有叙，此不赘述）。"沃森"较人脑优越处在于，它具有海量信息存储的
能力，这一点人脑是做不到的，将医学文献、不同患者的临床资料和病患医疗记录以结
构化的形式输入其存储器，认知计算模式帮助"沃森"具备认知、理解、推理和学习的
能力，真正像医生那样"思考"，为患者提供治疗方案，也为临床医生提供证据支持。

医学运用只是冰山一角，当前在影视动画领域，顶尖的制作公司都在使用人工智能进行数字动画制作。2016 年上映的《疯狂动物城》（Zootopia），其中除关键人物需要动画师单独制作外，占影片巨大篇幅的群组动画部分全部是由人工智能完成的。

人工智能化的数字营销，广告商可以通过人工智能精确广告主的每一分投入。同样，广告主也可以利用人工智能优化广告分布。如果关注度在百万级别，运用人工智能必然是效率的选择。Google 在线广告业务的成功得益于人工智能技术的支持，而且 Google 搜索引擎相比于其他搜索产品也好用，也得益于人工智能的支持。当前 Google 的线上广告业务占到总营收的 80% 以上，看似并没有营收的人工智能研发部门是一个巨大的成本中心，实则不然。Google 正在用人工智能改善全线产品。我们每一次使用 Google 搜索都是对其背后的人工智能系统的训练，因为每一次搜索都在告诉人工智能你输入搜索框的文字与搜索结果有着怎样的联系。Google 每天处理 100 多亿次搜索，这相当于对人工智能进行了 100 多亿次的训练，全世界用户每天都在帮助这个机器变得更加聪明。

尽管人工智能的研究是在模拟人类大脑，但本质上人工智能的思维方式与人类完全不同，它在完成一个棋局、识别一幅图像时所使用的方法与人类大相径庭。Facebook 的人工智能系统能在 30 亿人的照片库中快速识别出某个人的照片，这个效率是人脑无法达到的。除此之外，人工智能在大量工作实践中的表现也是优于人类的。人工智能能补充人类生理上的局限性，比如通过人工智能驾驶的无人飞机在空中可以做出更大角度的飞行转向，而由人类驾驶的飞机完全做不到这一点，因为驾驶员的身体无法承受那么大的作用力。

诸如此类的例子还有很多，但可以肯定的是，我们当前还没准备让人工智能去做那些工作条件尚好的工作，而是让它帮我们完成很多人类自身无法完成也不想去做的工作。但我们相信，技术的发展会给我们以启发，很多之前没有的机会将被创造出来，这是人工智能的机会，也是给我们的机会。

 ## 围绕AlphaGo我们还能想到些什么

据新华社 2016 年 7 月 20 日报道，AlphaGo 在世界职业围棋排名上超过围棋选手柯洁在世界排名第一。在 2016 年 3 月的人机大战中，AlphaGo 战胜韩国选手李世乭，杀入职业围棋世界排名，名声大噪。

1956 年，新罕布尔州达特茅斯学院召开了提出人工智能概念的研讨会。会议四位组织者之一马文·明斯基（Marvin Lee Minsky）教授在 2016 年 1 月 24 日辞世。作为人工智能最早的奠基人，如果他看到今天人工智能已经在运算量最大的棋类游戏中战胜人类，该是怎样的感慨。

看过 2016 年人机大战实况的朋友应该都记忆犹新，AlphaGo 和李世乭的五盘棋下得十分精彩，棋局之上表现的是两个世界顶级棋手的对弈。李世乭的韩国棋风展现得非常到位，从开始几局棋争夺几子，到后来冒着满盘皆输的风险，频繁打劫。AlphaGo 被认为是一个非常可怕的棋手，单纯从棋局现象上主要体现在它的深不可测和"围棋智慧"。AlphaGo 的深不可测在于，包括所有赢李世乭的 4 局棋在内，AlphaGo 在训练过程中，之前与围棋选手对弈，都是以几个子取胜，最早与业余水平的研究人员下棋是赢几个子；与专业二段选手下棋还是赢几个子；与退役的专业九段选手下棋仍然是赢几个子；同样与李世乭下棋也是仅赢几个子。AlphaGo 似乎从来没有露出它的最强实力，总是比对手强一点点。AlphaGo 不应该表现出所谓的"围棋智慧"，因为它是机器，但它下出了如棋圣吴清源的"神之一手"也是不争的事实。王檄九段对 AlphaGo 的评价是：AlphaGo 更像是巅峰的李昌镐和李世乭的加强版。韩国韩钟振九段负责比赛现场解说，他调侃道："作为曾经被李世乭蹂躏的棋手，我现在的心情是，李世乭什么时候变得这么容易对付了。"

AlphaGo 如同所有人工智能程序一样，并不知道自己到底在做什么，而只是在按照指令进行计算。AlphaGo 通过矩阵运算完成每一个棋局，即便它是当前最先进的人工智能，但也无法像人一样表达感受。不然 Google 会安排一个赛后采访环节，相信这也是谁都不会错过的。

事实上，AlphaGo 的开发公司——Google DeepMind（前文中有介绍）这家早期成立于英国的人工智能企业，后被 Google 收购。Google DeepMind 专注于人工智能的研究，其公司内部有很多项目并行。这次 AlphaGo 与李世乭的围棋大战，与其说是其最新人工智能成果展示，不如说是一次空前的公关宣传。因为在其内部，选择围棋作为挑战目标，就是因为围棋是所有可以与人类对决的游戏中最困难的一个。之前 IBM 的超级计算机

"深蓝"战胜国际象棋世界冠军卡斯帕罗夫，已经证明了计算机在这方面的潜力。而围棋和国际象棋相比，在运算量上有了指数倍增长。表现当前人工智能的先进程度，这是 Google DeepMind 选择围棋的原因。在 AlphaGo 开发的早期，Google DeepMind 内部研制了数十个版本，它们互相对弈，通过积分卡的形式筛选出较先进的版本对老版本进行替代，当然工程师会不断对已有版本进行加强。在这个过程中，每个 AlphaGo 版本之间进行了数量非常庞大的棋局对弈。在完成版本之间的互相筛选之后，才会进入机器与真人棋手的实验性对弈。不管是 AlphaGo 版本之间还是 AlphaGo 和真人棋手之间，每下一盘棋，机器都学习围棋技术来完成进化。

在职业围棋界，相邻段位之间，高段位选手对低段位选手之间的胜率是 70% 对 30%。如果一个职业九段选手对阵一个职业八段选手，那么职业九段选手获胜的概率是 70%，职业八段选手获胜的概率是 30%。AlphaGo 最早的职业棋手陪练是二段樊麾，在人类之间九段选手对人类二段选手，胜率是 95% ~ 98%，最高为 98%，仍有 5% ~ 2% 的概率是二段选手获胜。但是 AlphaGo 在与人类二段选手的对弈中可确保 100% 获胜，所以在开赛之前，Google DeepMind 对于战胜李世乭是有信心的。但因为只有五局，也有可能根据李世乭个人发挥出现小概率事件，所以官方在一开始并没有太过高调宣传。

AlphaGo 的核心是两套计算机神经网络系统："策略网络"（policy network）和"价值网络"（value network）。它们通过算法计算优势棋步，避免出现任何"昏招"，原则上和李世乭在棋局上的考量是相同的。"策略网络"负责减少搜索宽度，当计算机面对棋局时，有些棋步明显是"昏招"，比如不该给对方送子，这样的棋步会首先摒弃掉，计算机将不会对其进行任何分析计算；"价值网络"负责减少搜索深度，计算机会一边推算一边判断局面，当局面明显处于劣势的时候，计算机会直接抛弃某些路线，避免死板地出现一条道走到黑的情况。AlphaGo 就是利用策略网络和价值网络来分析整个局面，判断每步下子策略的优劣，就像人类棋手会对棋局进行判断和推测一样。可是 AlphaGo 在分析能力上相比于人类是有优势的，比如计算机判断未来 20 步的情况，就能相对准确地判断哪里下子赢的概率会高，而很少出错误，人类选手会受诸如精力、体力以及很多外部因素的影响，小概率地做出不明智的判断。往往这个时候，就是一局棋胜负的关键。

AlphaGo 能在围棋上战胜人类，那我们可以断言，在很多与概率有直接关系的游戏和活动中，人工智能都能完胜人类。有人感慨，本来充满艺术和美感的围棋，被人工智能变成了冷冰冰的计算问题，这太令人沮丧了。这确实没错，很多事情在蒙着面纱时，人们总是对其充满了美好的想象，但是人类技术进步正是伴随着一个又一个神秘面纱的揭开而前进的。IBM"深蓝"打败国际象棋大师卡斯帕罗夫的时候，很多人担忧之后会削弱人们对国际象棋的热情。可事实恰恰相反，世界范围内参与国际象棋职业锦标赛的选手水平，在人工智能国际象棋软件的训练下达到了前所未有的高水平，喜爱国际象棋的人也比之前有了大幅增加，且荣获国际象棋大师头衔的选手是过去的一倍以上。这就是人类的小伙伴，它让我们变得更强。

有了这样一个计算能力超强的小伙伴，我们似乎迎来了一个赚钱的好机会，那就是去赌场。事实上确实是这样，在赌场中，一个记忆力稍好的人就可以通过记牌赚到钱，因为像拉斯维加斯和澳门赌场是不洗牌的。如果稍微加一点计算，那就几乎可以保证稳赚不赔。而如果带上 AlphaGo 这样的小伙伴呢？那赌场就要赔死了。事实上，赌场的经营者完全明白计算设备对他们生意的威胁。所以在这里友好地提醒各位读者，如果有机会去到赌场，请把你的随身智能设备收起来，不然赌场保安会友好地将你请出去的。当然，你也不要明目张胆地拿出小本做笔算，这也会招来同样的待遇，即便是你掰着手指做口算，只要有记牌和算牌的迹象，赌场工作人员都会过来终止你的游戏。财大气粗的赌场可能不会在乎你赌赢的那一点小钱，但你的计算行为降低了整个牌桌玩家下注的速度，进而影响了赌场赚钱的速度，这种行为是绝对不会被容忍的。由凯文·史派西（Kevin Spacey）主演的电影《决胜 21 点》讲述了麻省理工学院米基·罗萨教授带着几个数学天才少年，乔装打扮混入拉斯维加斯，通过记牌算牌赚钱，并惹恼赌场的故事。他们为什么要乔装打扮，因为米基·罗萨教授早就因为他在赌场运用数学赚钱的行为而被所有赌场划定为不受欢迎的人。在真实世界中也确有这样的故事，斯坦福大学教授、《信息论基础》的作者托马斯·科弗（Thomas Cover）就因为算牌而被拉斯维加斯列为不受欢迎的人。

人工智能的系统成熟之后，下一步发展的方向就是应用。从本质上讲，除非需要人工智能作为人类棋手的陪练，否则人工智能拥有再高的棋艺对我们的实际应用意义都会很小。在将来，我们希望人工智能可以为我们解决更多的实际问题。事实上，在 19 世纪 50 年代人工智能概念刚刚出现的时候，当时的计算机就为美军的作战信息化做了大量工作，原理跟今天人工智能的深度学习极其类似，将大量数据输入计算机，让计算机筛选出最优的作战方案。如今在全球金融市场上，80% 以上的股票交易都是由计算机完成，计算机负责寻找价值洼地、筛选交易策略，并高速完成交易。我们人工操作的证券交易与之相比完全不在一个层级，计算机在信息、策略、交易等各个方面比人工操作都有明显的优势。当然，计算机交易系统的成本也非常高，超出了一般个人可以承受的范围，所以当前还仅是机构在使用。事实上，人工智能大面积接管金融交易也有风险。2016 年 10 月 7 日的英镑下跌，据说是多家金融机构人工智能系统的抛售指令产生的连锁效应所致。英国央行已经对此事展开调查，但目前仍没有详细调查结果公布。这从一个侧面也反映了人工智能在迅速取代人力时的不确定性，人工智能在寻找价值洼地上的出色能力是毋庸置疑的，可如果本次英镑下跌真如大家预测的那样，人工智能与人类交易员在"市场感觉"方面还有相当的差距。

近些年来，滴滴出行和 Uber 的出现，给人工智能接入我们的生活服务提供了可能。我们的智能手机可以采集城市中每个人出行的时间、路线、方位等信息，将这些信息交给人工智能处理，它会为我们制订最优的出行计划。如果类似原理的一套系统被城市管理者使用，人工智能就可以有效调控城市交通，提高城市道路的使用效率。这种结合了大数据和人工智能的生活服务类应用，将有望在这几年实现。人工智能在医疗领域的进展也非常迅速，除了我们在前文中介绍的 IBM 的沃森外，还有很多医疗领域中专门功能的人工智能在发展。人工智能通过病例和化验报告诊断的能力可以与中等水平医生比肩，这点我们之前已讲过。在识别医学影像判断人体病变、制定外科手术细节方案（穿刺取样深度、微创手术角度等）方面，人工智能已经达到当前最优秀的人类医生的水平。

如果将人工智能、机器人技术、医学成像技术乃至虚拟现实技术融合，那将是极有想象空间的。达芬奇（da Vinci）手术机器人是当前较成熟的外科医学机器人成果，它准确的名字应该是"内窥镜手术器械控制系统"。达芬奇手术机器人由三个主要部分组成：①医生控制系统；②三维成像视频影像平台；③机械臂、摄像臂和手术器械组成的移动平台。我们知道，机械的动作比人类更加精确，运用这套系统，主刀医师不与病人直接接触，通过三维视觉系统和动作定标系统对机械臂进行操作控制，由机械臂以及手术器械完成手术操作。最新的达芬奇手术机器人已经按照既定程序，在医生的监控下实施常规手术。未来随着手术程序的不断完善，会有更多的手术可以通过这套系统精确完成。我们还可以想象，一旦无误差的影像传输和控制信号传输技术成熟，医生就可以在千里之外为患者实施手术。到那时，通过这套系统，我们可以跨越地理界线，共享全球医疗资源。

应用型人工智能系统之后，配合程序控制技术和机器人技术，可普及的机器人将会出现。这不由得让我们想起美国著名科幻小说家、科普作家艾萨克·阿西莫夫（Isaac Asimov）警惕性地提出的机器人学三定律：

第一定律：机器人不得伤害人类个体，或者目睹人类个体将遭受危险而袖手旁观；

第二定律：机器人必须服从人给予它的命令，当该命令与第零定律或者第一定律冲突时例外；

第三定律：机器人在不违反第零、第一、第二定律的情况下要尽可能保护自己的生存。

Law Ⅰ: A ROBOT MAY NOT INJURE A HUMAN BEING OR, THROUGH INACTION, ALLOW A HUMAN BEING TO COME TO HARM.

Law Ⅱ: A ROBOT MUST OBEY ORDERS GIVEN IT BY HUMAN BEINGS EXCEPT WHERE SUCH ORDERS WOULD CONFLICT WITH THE FIRST LAW.

Law Ⅲ: A ROBOT MUST PROTECT ITS OWN EXISTENCE AS LONG AS SUCH PROTECTION DOES NOT CONFLICT WITH THE FIRST OR SECOND LAW.

阿西莫夫认为，在制造机器人前，需要为机器人设定这三条不可冲破的定律，机器人才能投入使用，否则就会发生灾难。这三条定律在今天看来，不管在逻辑上还是使用场景上都出现了新问题，当前我们认为只有第二条可以履行，第一条和第三条都是难以履行的。比如，DARPA（美国国防部高级研究计划局）研制的战场机器人，除了执行人道主义和医疗任务的机器人外，其他的战场机器人都是以杀伤对方战士为目的的。如果严格按照阿西莫夫提出的机器人学三定律制造机器人，那打败机器人军团的方法将极其简单——像战场投入人类士兵，不战而屈人之兵。

当然，AlphaGo 这么聪明，它一定会夺走我们的工作机会。汽车出现后，马确实显得有点多余。但人类发展这么多年，技术不断进步，最令人欣慰的是，我们一直看到，伴随老的机会消失，新的机会总是在不断出现。如果这一切无法避免，那我们应该规划更美好的未来。